Il Pianeta Appesantito: Il Viaggio Invisibile dei Rifiuti tra Mari, Terre e Aria

Come l'inquinamento globale plasma il nostro ambiente, minaccia la vita e offre soluzioni per un futuro sostenibile

Ecologia Moderna

Come l’inquinamento ci colpisce direttamente: tumori, infertilità, patologie respiratorie.

9. **Il Tempo della Terra: Quanto impiega un rifiuto a sparire?**
   Tempi di decomposizione di plastica, vetro, metallo, tessuti, elettronica.

10. **Soluzioni Possibili: Riciclo, riuso, riduzione**
    Come possiamo cambiare il sistema e agire a livello personale, locale e globale.

11. **Le Buone Notizie: Innovazioni e storie virtuose**
    Tecnologie, iniziative ambientali, giovani attivisti e città sostenibili.

12. **Il Futuro che Scegliamo: Vivere in equilibrio con la natura**
    Visione positiva: come costruire un mondo pulito, sano e rispettoso del pianeta.

1. La Nascita del Rifiuto: Da dove viene l'inquinamento?

Tutto ha inizio da un gesto semplice, quotidiano, spesso involontario. Buttiamo una bottiglia di plastica, cambiamo il filtro della macchina, laviamo i piatti con un detergente profumato o sprechiamo una mela ammaccata. Ogni azione lascia una traccia. E quella traccia, se non gestita con attenzione, può diventare un rifiuto. Ma che cos'è davvero un rifiuto?

Un rifiuto è **qualcosa che l'uomo decide di non usare più**: un oggetto, una sostanza, un materiale. Non importa se è grande o piccolo, organico o artificiale: dal momento in cui viene scartato, entra in un ciclo che può portarlo a danneggiare l'ambiente, la salute, e perfino il clima.

Tre grandi fonti di rifiuti

1. **Rifiuti industriali**
   Sono prodotti da fabbriche, laboratori, miniere, raffinerie. Possono essere solidi, liquidi o gassosi. Alcuni sono altamente tossici: pensiamo ai solventi chimici, ai metalli pesanti, ai residui delle centrali elettriche. Spesso vengono smaltiti male, o illegalmente. In passato, molte industrie hanno sotterrato i propri rifiuti in terreni isolati, o li hanno scaricati nei fiumi e nei mari, causando disastri ambientali e sanitari.

2. **Rifiuti domestici**
   Sono quelli prodotti ogni giorno da ognuno di noi: carta, plastica, vetro, scarti di cibo, vestiti, elettrodomestici rotti. Sono i più visibili e, se non raccolti e gestiti correttamente, si accumulano nei quartieri, nei corsi d'acqua e sulle spiagge. In molte zone del mondo, non esiste nemmeno un sistema di raccolta: i rifiuti vengono bruciati all'aperto o scaricati ovunque.

3. **Rifiuti agricoli**
   Non si tratta solo di residui organici. L'agricoltura

moderna fa largo uso di fertilizzanti chimici, pesticidi, plastica per la pacciamatura, imballaggi per mangimi e fitofarmaci. Questi materiali, se dispersi nell'ambiente, inquinano il suolo, le falde acquifere e i corsi d'acqua, entrando nella catena alimentare.

Biodegradabile o no? Una differenza che cambia tutto

Immagina di lasciare due oggetti in un bosco: una mela e una bottiglia di plastica. La mela, in poche settimane, si decompone, nutre il terreno, scompare senza lasciare traccia. La bottiglia, invece, resterà lì per centinaia di anni. Potrebbe rompersi in mille pezzi, ma non sparirà: diventerà microplastica, che finirà nel suolo, nelle acque, forse nel nostro cibo.

Questa è la **differenza fondamentale tra rifiuti biodegradabili e non biodegradabili**:

- **Biodegradabili**: si decompongono naturalmente grazie a batteri, funghi e altri organismi viventi. Esempi: scarti alimentari, carta, legno, tessuti naturali.
- **Non biodegradabili**: non si degradano o impiegano tempi lunghissimi. Esempi: plastica, metalli, vetro, materiali sintetici, sostanze chimiche.

La plastica è l'emblema dei rifiuti moderni: economica, resistente, versatile... ma anche quasi eterna.

Il problema non è solo il rifiuto, ma la cultura dello scarto

Per millenni l'uomo ha vissuto in equilibrio con l'ambiente, creando rifiuti che la natura poteva riassorbire. Ma negli ultimi decenni qualcosa è cambiato: produciamo, consumiamo e buttiamo a una velocità senza precedenti. Ogni oggetto è progettato per durare poco, per essere sostituito rapidamente. È la **società dell'usa e getta**.

Ogni anno nel mondo si producono più di **2 miliardi di tonnellate di rifiuti solidi urbani**, e la cifra è destinata a salire. Il problema non è solo dove finiscono questi rifiuti, ma anche **quanto ne generiamo, come li gestiamo, e con quale responsabilità**.

Comprendere l'origine dei rifiuti è il primo passo per cambiare il nostro rapporto con ciò che scartiamo. Il rifiuto non nasce da solo: nasce dalle nostre scelte. E, spesso, ritorna da noi sotto forme invisibili ma pericolose. Nei prossimi capitoli, scenderemo più a fondo nei mari, sotto terra e nell'aria, per scoprire dove finiscono i nostri rifiuti... e cosa possiamo fare per fermarli.

Nel mondo naturale, non esistono rifiuti. Ogni cosa è risorsa per qualcos'altro. Le foglie cadute diventano humus, il corpo di un animale morto nutre decine di altri esseri viventi, l'acqua evaporata ritorna come pioggia, la CO_2 espirata da un animale viene assorbita da una pianta. La natura funziona come un sistema circolare, dove nulla si perde, tutto si trasforma.
Ma l'essere umano ha spezzato questo ciclo.

Con la rivoluzione industriale, abbiamo iniziato a produrre oggetti in serie, in grande quantità, utilizzando materiali che la natura non conosce, che non sa "digerire". La plastica, per esempio, non esisteva in natura. È un'invenzione recente, risalente a poco più di un secolo fa. Venne accolta come una rivoluzione: leggera, economica, resistente. Un tempo sembrava la soluzione a tutto. Ora, ne vediamo anche le conseguenze.

Ogni oggetto che creiamo ha una storia invisibile, fatta di energia, estrazione, trasporto, trasformazione. Anche quando lo scartiamo, non "sparisce". La frase "buttare via" è ingannevole, perché non esiste un "via": ogni rifiuto che abbandoniamo **va da qualche parte**, e molto spesso quel "qualche parte" è un luogo che non vorremmo vedere contaminato – il mare, la terra, il corpo di un animale, o persino il nostro.

Una lattina di alluminio, per esempio, può essere riciclata quasi all'infinito, ma se finisce nell'ambiente impiega fino a 200 anni per degradarsi. Un pannolino usa e getta può impiegare 500 anni. Un mozzicone di sigaretta gettato per terra può contaminare fino a 100 litri d'acqua. Ogni piccola cosa ha un impatto, spesso più grande di quanto immaginiamo.

E c'è una verità scomoda: **la maggior parte dell'inquinamento non si vede a occhio nudo**. Molti dei rifiuti più pericolosi sono invisibili, oppure nascosti. Pensa ai composti chimici usati nei pesticidi, ai metalli pesanti nei dispositivi elettronici, ai residui dei farmaci che finiscono negli scarichi. La nostra società moderna, purtroppo, ha normalizzato la produzione di rifiuti tossici, rendendoli parte integrante di quasi ogni attività quotidiana.

Ogni volta che acquistiamo un oggetto, stiamo anche acquistando il suo futuro rifiuto. È una realtà poco considerata. Una maglietta di cotone, ad esempio, può sembrare un prodotto semplice. Ma per produrla servono circa **2.700 litri di acqua**, pesticidi per le coltivazioni di cotone, energia per la filatura e la tintura. Se poi la maglietta viene gettata dopo pochi utilizzi, finisce spesso in discarica o nei mercati dell'usato dei paesi in via di sviluppo, dove si accumula insieme a milioni di altri capi non più desiderati. Anche la moda è diventata una delle industrie più inquinanti del pianeta.

Molti rifiuti nascono **prima ancora che un oggetto arrivi nelle nostre mani**: imballaggi superflui, scarti di produzione, difetti estetici che causano la distruzione di beni mai usati. L'obsolescenza programmata – la pratica di progettare oggetti destinati a rompersi o a diventare obsoleti in poco tempo – è una delle cause principali dell'accumulo di rifiuti elettronici, oggi tra i più pericolosi al mondo. Computer, smartphone, frigoriferi, stampanti: spesso contengono sostanze altamente tossiche come piombo, mercurio, cadmio, che se dispersi nel suolo o nelle acque possono avvelenare interi ecosistemi.

In alcune zone del mondo, i rifiuti vengono esportati verso paesi con normative ambientali deboli. Navi cariche di scarti elettronici, plastica o vestiti usati salpano dai porti europei, nordamericani o asiatici e raggiungono coste lontane, dove uomini, donne e perfino bambini lavorano in condizioni disumane per estrarne materiali rivendibili. Spesso bruciano plastica e circuiti a cielo aperto, inalando fumi tossici, oppure smontano batterie piene di acidi a mani nude. Così, **il rifiuto di uno diventa il veleno di un altro**.

È una catena silenziosa, globale, che collega il nostro cassonetto al destino di terre lontane. Ma la cosa più inquietante è che i rifiuti stanno tornando a noi in modi che non avremmo immaginato. Le microplastiche, ad esempio, sono state trovate ovunque: nell'acqua che beviamo, nel sale da cucina, nella neve caduta in montagna, nel latte materno, persino nei polmoni umani. Sono frammenti minuscoli, invisibili, ma presenti in ogni angolo del pianeta. Un recente studio ha stimato che una persona può ingerire fino a **5 grammi di plastica alla settimana**, l'equivalente di una carta di credito.

Molti rifiuti nascono anche **dal bisogno di apparire più che di essere**, dal desiderio di avere cose nuove per sentirsi migliori, più accettati, più felici. Ma ciò che finisce nelle nostre mani finisce anche, troppo spesso, nelle mani dell'ambiente. L'inquinamento è figlio del consumismo, della produzione eccessiva, della fretta, dell'abitudine a sostituire invece che riparare. E così ogni casa diventa una piccola fabbrica di rifiuti.

In un solo giorno, una persona media può generare **più di 1 chilo di rifiuti solidi**, senza nemmeno accorgersene. Moltiplicalo per miliardi di persone e otterrai la montagna invisibile che grava sul nostro pianeta. E non è solo una montagna materiale: è anche culturale, fatta di scelte, abitudini, ignoranza e disinteresse.

Ma non tutti i rifiuti sono uguali, e nemmeno tutte le responsabilità lo sono. In molti paesi del Sud del mondo, le persone generano pochissimi rifiuti, riciclano quasi tutto, usano materiali naturali. Ma sono proprio loro a subire le peggiori conseguenze dell'inquinamento prodotto altrove. È una questione anche di **giustizia ambientale**.

Nel mondo esistono economie intere che ruotano attorno al rifiuto: raccolta, trasporto, selezione, incenerimento, riciclaggio, esportazione. Ci sono multinazionali che fanno profitti enormi gestendo i rifiuti prodotti da altri, a volte in modo lecito, a volte no. Esiste perfino un mercato nero del rifiuto, in cui mafie e organizzazioni criminali si arricchiscono smaltendo illegalmente sostanze tossiche in campi, cave abbandonate, gallerie sotterranee.

In alcune regioni italiane, come la cosiddetta "Terra dei Fuochi", il traffico illecito di rifiuti ha provocato incendi, contaminazioni, malattie. Campi un tempo fertili sono diventati discariche. Bambini sono nati con malformazioni, anziani si sono ammalati di tumori. I rifiuti non sono solo una questione ambientale: sono una questione **umana, sociale, etica**.

L'inquinamento non nasce solo da un errore, ma da un sistema che lo accetta, lo tollera, lo copre. Ogni rifiuto è il sintomo visibile di un'economia lineare, che parte dall'estrazione di risorse, passa per la produzione e il consumo, e finisce nello scarto. Un'economia che consuma il pianeta come se fosse infinito. Ma il pianeta non lo è.

Il vero problema non è il rifiuto in sé, ma **la mentalità che lo genera**, che lo giustifica, che lo considera inevitabile. In realtà, nulla lo è. Ogni rifiuto che produciamo è una scelta: la scelta di acquistare, di usare, di buttare. La buona notizia è che può essere anche una scelta diversa: quella di ridurre, di riparare, di rifiutare ciò che non serve, di restituire valore a ciò che oggi chiamiamo scarto.

E così, comprendere come nasce un rifiuto diventa un modo per capire anche noi stessi. Il nostro stile di vita, le nostre priorità, il nostro rapporto con il tempo e con gli altri. Forse, alla fine, il rifiuto più difficile da eliminare è proprio quello che abbiamo nella mente: l'idea che l'inquinamento sia inevitabile.

Nel linguaggio comune, il rifiuto è visto come qualcosa di sporco, sgradevole, da nascondere. Ma la parola stessa ci dice qualcosa di più profondo: **"rifiutare" significa respingere**, dire no, mettere da parte. E così, ogni oggetto che diventa rifiuto è qualcosa che non vogliamo più vedere, che riteniamo inutile, superato, fastidioso. Ma se lo allontaniamo da noi, non significa che scompare. Il mondo, in realtà, è pieno di ciò che rifiutiamo.

Questa attitudine al rifiuto si è radicata nella nostra cultura a partire dalla modernità, quando l'idea di progresso si è legata al concetto di novità costante. In passato, gli oggetti venivano aggiustati, riparati, tramandati. I vestiti passavano di fratello in fratello, le sedie venivano rifoderate, i giocattoli sistemati con colla e pazienza. Oggi, invece, ogni difetto è una condanna. Un telefono che funziona ma è "vecchio" viene sostituito. Un elettrodomestico rotto è più facile da cambiare che da riparare, anche per via dei costi e della disponibilità dei pezzi.

Viviamo in un'epoca in cui il valore è misurato dalla **novità, non dalla durata**. E così, gli oggetti sono pensati per diventare rifiuti. Questo si chiama **design lineare**: un modello produttivo che non tiene conto del ciclo di vita completo di un prodotto, ma solo del momento in cui viene venduto. Il risultato? Ogni anno, milioni di tonnellate di rifiuti vengono generati **già nella fase di progettazione**, perché il sistema non premia la durabilità, ma la sostituzione.

In alcuni paesi, la produzione di rifiuti è direttamente proporzionale al reddito. Le società più ricche, in media, producono più spazzatura. Non solo perché consumano di più, ma anche perché scartano prima. Questo fenomeno è noto come **"waste privilege"**: il privilegio di poter buttare via senza preoccuparsene. Le famiglie povere, invece, spesso riutilizzano, riparano, barattano. Non perché siano più virtuose, ma perché il sistema non offre loro alternative.

Un altro aspetto poco noto è quello dei **rifiuti nascosti**, cioè quei materiali che non vediamo mai ma che sono necessari per produrre ciò che utilizziamo. Ad esempio, per fabbricare uno smartphone del peso di 150 grammi, si generano **circa 75 chili di rifiuti** industriali e minerari. La maggior parte di questi resti in miniere, fabbriche, impianti, sotto forma di fanghi tossici, polveri sottili, liquidi contaminati. È un'enorme piramide nascosta, alla cui base c'è sempre l'oggetto apparentemente innocuo che teniamo in tasca.

I rifiuti non sono tutti nati uguali, e nemmeno il loro trattamento lo è. Alcuni finiscono in **discariche controllate**, progettate per contenere la contaminazione. Altri vengono bruciati negli **inceneritori**, che riducono il volume dei rifiuti ma emettono sostanze inquinanti come diossine e ossidi di azoto. Altri ancora vengono riciclati, ma non sempre come immaginiamo: molte plastiche non sono effettivamente riciclabili, e il processo può essere energeticamente costoso. C'è poi il riciclo "aperto", in cui un oggetto diventa un prodotto di qualità inferiore, e infine perde ogni valore. È una spirale che prima o poi porta alla discarica.

Il **rifiuto elettronico**, o e-waste, è oggi il flusso di rifiuti in più rapida crescita al mondo. Ogni anno, secondo le stime delle Nazioni Unite, se ne generano oltre **60 milioni di tonnellate**. Di queste, meno del 20% viene gestito in modo corretto. Il resto si disperde nell'ambiente o viene esportato illegalmente nei paesi in via di sviluppo, dove viene smantellato in condizioni precarie, contaminando terreni, acque, corpi.

Non va dimenticato il ruolo della **pubblicità e del marketing**, che plasmano i nostri desideri e le nostre scelte. Molti oggetti vengono acquistati non per reale necessità, ma per moda, per impulso, per conformismo. L'obsolescenza psicologica – cioè la sensazione che un oggetto sia superato anche se funziona – è una delle principali cause dell'aumento dei rifiuti. Siamo circondati da segnali che ci spingono a comprare, cambiare, aggiornare. Il rifiuto, in questo contesto, non è solo materiale: è anche **ideologico**.

Nel mondo agricolo, una delle fonti principali di rifiuti è lo **spreco alimentare**. Ogni anno, circa un terzo del cibo prodotto globalmente viene perso o buttato. Nei paesi più ricchi, lo spreco avviene alla fine della catena: supermercati, ristoranti, famiglie. Frutta troppo matura, pane del giorno prima, prodotti prossimi alla scadenza. Nei paesi più poveri, invece, lo spreco avviene a monte, per mancanza di sistemi di conservazione, trasporto e distribuzione. In entrambi i casi, ogni alimento buttato rappresenta uno **spreco di risorse**: acqua, terra, fertilizzanti, lavoro umano.

Le città sono centri enormi di produzione di rifiuti. Le **aree urbane**, che oggi ospitano oltre la metà della popolazione mondiale, producono circa l'80% dei rifiuti globali. L'urbanizzazione rapida, la crescita demografica, la mancanza di infrastrutture adeguate rendono il problema ancora più grave. In molte metropoli del Sud del mondo, i rifiuti non vengono nemmeno raccolti: si accumulano lungo le strade, nei fiumi, nelle periferie, diventando terreno fertile per malattie, degrado, inquinamento.

In questo scenario, **i raccoglitori informali di rifiuti** – uomini, donne e bambini che cercano materiali riciclabili tra la spazzatura – diventano figure chiave. Invisibili agli occhi dello Stato, ma essenziali per l'equilibrio della città. In alcune città, come Bogotá o Dakar, i raccoglitori rappresentano l'unico sistema reale di recupero e riciclo. Vivono tra ciò che altri hanno rifiutato, trasformano lo scarto in sopravvivenza. Il loro lavoro è spesso ignorato, ma senza di loro il sistema collasserebbe.

L'evoluzione del rifiuto è anche un fatto **storico**. Nell'antichità, i rifiuti erano per lo più organici e riassorbiti dalla natura. I Romani già avevano sistemi di fognature e raccolta differenziata, mentre nel Medioevo, le città europee erano spesso invase da immondizia, liquami e carcasse animali. È solo con la nascita dell'igiene moderna, nel XIX secolo, che la gestione dei rifiuti diventa una questione pubblica. Ma è nel XX secolo, con il boom economico e il consumismo, che il rifiuto cambia natura: da scarto biologico a **problema industriale e globale**.

Ogni rifiuto racconta una storia. Una bottiglia di plastica trovata in un fiume può essere stata prodotta in Cina, riempita in Italia, venduta in Francia, bevuta in Spagna e abbandonata lungo un sentiero. È un oggetto che ha attraversato confini, mercati, mani, e poi è stato lasciato indietro. In un certo senso, il rifiuto è il vero **oggetto globale** del nostro tempo: privo di valore, ma capace di viaggiare più di molti esseri umani.

Persino nello spazio, i rifiuti esistono. Attorno alla Terra orbitano migliaia di frammenti di metallo, pezzi di satelliti dismessi, detriti di missioni passate. Questa **spazzatura spaziale** rappresenta un rischio per le missioni future e per le tecnologie satellitari. Anche fuori dall'atmosfera, il nostro rapporto con lo scarto continua.

Nel profondo di ogni discorso sui rifiuti, esiste una domanda più ampia: **di cosa abbiamo veramente bisogno?** Il nostro stile di vita, così com'è, genera un surplus di oggetti e una carenza di significato. Ogni oggetto scartato è anche un'opportunità mancata: di progettare meglio, di vivere con meno, di condividere di più, di immaginare un altro modello.

Il concetto di rifiuto si intreccia con quello di **tempo**. C'è un tempo utile degli oggetti, e poi un tempo successivo, quello dell'abbandono. Ma la natura e il tempo non sempre coincidono con la nostra idea di durata. Una buccia di banana sparisce in pochi giorni, una bottiglia di plastica può impiegare fino a **450 anni** per degradarsi completamente. Un pannolino usa e getta resta nell'ambiente per circa **500 anni**, un sacchetto di plastica può volare nell'aria per anni prima di finire nel mare o incastrarsi in un albero, mentre un contenitore in vetro – se non recuperato – può rimanere **intatto per migliaia di anni**, conservando la forma senza alterarsi quasi per nulla. Il tempo del rifiuto, dunque, si estende ben oltre il tempo del suo utilizzo.

Ogni oggetto scartato è un messaggero silenzioso di **scelte produttive e stili di vita**. Una confezione in plastica multistrato – quella usata per alimenti sottovuoto o snack – è composta da diversi materiali fusi insieme, spesso non separabili e quindi **non riciclabili**. È pensata per la conservazione perfetta, non per il fine vita. Così, quando finisce nella spazzatura, non ha futuro. Questi oggetti sono nati per durare e per essere inutilizzabili una volta consumato il loro contenuto: paradossalmente, la parte meno importante – la confezione – dura infinitamente più del cibo che proteggeva.

Nel mondo moderno, la gestione dei rifiuti non è solo un problema tecnico, ma anche **politico ed economico**. I paesi più sviluppati esportano parte dei loro rifiuti in quelli più poveri, una pratica chiamata "dumping ambientale". In cambio di denaro o investimenti, nazioni con minori capacità di controllo ambientale accettano tonnellate di rifiuti – spesso tossici o difficili da trattare. In Africa occidentale, in Asia sudorientale, e persino in alcune isole del Pacifico, si accumulano scarti elettronici, plastiche, resti industriali. Interi villaggi vivono circondati da ciò che altri paesi non vogliono gestire. È una forma moderna di **colonialismo ambientale**, in cui il rifiuto diventa uno strumento di disuguaglianza globale.

Anche l'**industria tessile** è una fonte enorme di rifiuti. Ogni anno vengono prodotti circa **100 miliardi di capi di abbigliamento**, molti dei quali vengono usati pochissime volte. Il fenomeno del **fast fashion** – moda a basso costo, cicli produttivi rapidi, tendenze effimere – ha creato un flusso continuo di abiti scartati. Molti finiscono in discarica o vengono bruciati. Alcuni vengono esportati nei mercati dell'usato in Africa, dove saturano l'economia locale e spesso si trasformano in stracci inutilizzabili. I tessuti sintetici, inoltre, rilasciano

microplastiche durante i lavaggi: minuscole particelle che attraversano i filtri e finiscono nei fiumi, nei mari, negli organismi marini e persino nei nostri corpi.

Un altro aspetto spesso trascurato è il ruolo del **packaging**, l'imballaggio. Più del **40% della plastica prodotta nel mondo** è destinata agli imballaggi, usati una sola volta. Alcuni prodotti hanno confezioni più complesse e voluminose del contenuto stesso. Questo spreco è giustificato dalla logica del marketing: l'imballaggio deve attirare l'occhio, distinguersi sugli scaffali, promettere igiene, sicurezza, freschezza. Ma quando il prodotto viene aperto, la confezione diventa immediatamente un rifiuto. In molti casi, è un rifiuto **non necessario**, creato solo per aumentare le vendite.

C'è poi il problema della **mancanza di infrastrutture adeguate**. In molte zone del pianeta, soprattutto in aree rurali e periferiche, non esistono sistemi di raccolta, differenziazione e trattamento dei rifiuti. Le persone bruciano i propri scarti all'aperto, generando fumi tossici che contaminano l'aria. In altri casi, i rifiuti vengono gettati nei corsi d'acqua, portati via dalla corrente e infine trasportati fino ai mari. Fiumi come il Gange, il Nilo, il Mekong, il Niger sono tra i principali vettori di plastica verso gli oceani. Ogni giorno, tonnellate di rifiuti viaggiano lungo le acque, spesso senza che nessuno se ne accorga.

Il rifiuto non è soltanto ciò che resta: è ciò che **produciamo attivamente** nel momento in cui scegliamo come consumare, cosa scartare, che valore dare agli oggetti e, soprattutto, **quanto tempo siamo disposti a convivere con ciò che possediamo**. Non è un sottoprodotto passivo della nostra civiltà, ma un **prodotto diretto del nostro modello di sviluppo**, costruito su crescita illimitata, consumo immediato e smaltimento esternalizzato.

Questa origine è **multifattoriale**: parte dall'agricoltura intensiva che genera enormi quantità di rifiuti organici e chimici non smaltiti; passa per l'industria pesante e leggera, che produce materiali inquinanti, scarti di lavorazione e sostanze tossiche difficili da trattare; attraversa le abitudini domestiche, dove ogni scelta – dall'uso del monouso all'errata raccolta differenziata – alimenta un sistema già sovraccarico. E si espande fino alla cultura dello scarto, dove ogni oggetto perde il suo valore con una rapidità superiore alla sua reale usura, creando una dissonanza tra utilità e desiderio, tra bisogno e spreco.

Dal punto di vista ambientale, la nascita del rifiuto è anche **la nascita di un danno permanente**. I rifiuti non trattati correttamente finiscono nei mari, nelle falde sotterranee, nell'aria che respiriamo. Le microplastiche penetrano nella catena alimentare, le sostanze chimiche inquinano i terreni coltivati, i gas emessi dagli inceneritori contribuiscono al cambiamento climatico. Ogni rifiuto abbandonato, ogni scelta progettuale priva di un ciclo di vita sostenibile, si traduce in **una ferita ecologica difficile da sanare**.

Dal punto di vista sociale, il rifiuto è anche **una questione di giustizia**. I suoi effetti colpiscono in modo sproporzionato chi ha meno strumenti per difendersi: le comunità povere, le popolazioni rurali, i paesi del Sud globale. In molte città, il lavoro sporco di raccolta e separazione è affidato a lavoratori invisibili, spesso non tutelati, che pagano con la propria salute l'incapacità collettiva di affrontare il problema alla radice.

Culturalmente, il rifiuto nasce da un **distacco crescente dalla materia e dal tempo**. Abbiamo dimenticato il valore dell'attesa, della riparazione, del riutilizzo. Ogni oggetto ha un costo ambientale, umano, energetico, che non si vede nel prezzo esposto. Ricostruire questa consapevolezza è il primo passo per invertire la rotta. Solo quando inizieremo a considerare la nascita del rifiuto **non come una fatalità, ma come una scelta collettiva** – trasformabile, riducibile, prevenibile – potremo immaginare un futuro diverso.

Così, la vera domanda non è più da dove viene l'inquinamento, ma **da dove vogliamo far nascere un cambiamento**. E la risposta comincia con il ripensare tutto ciò che chiamiamo "rifiuto" come **risorsa, responsabilità e riflesso del nostro modo di vivere**.

Mari di Plastica: L'Oceano soffoca

Ogni anno, milioni di tonnellate di plastica finiscono negli oceani. È difficile immaginare cosa voglia dire esattamente "otto milioni di tonnellate" – è la stima più citata – ma per visualizzarlo, si può pensare a **un camion pieno di plastica scaricato in mare ogni minuto**. Questo flusso continuo e inarrestabile non si ferma mai, giorno e notte, da ogni angolo del pianeta. Le cause sono molteplici, ma tutte convergono verso una stessa direzione: l'incapacità del sistema umano di contenere le conseguenze del proprio stesso consumo.

La plastica che finisce in mare ha **origini diverse**: parte proviene dalle attività industriali costiere, parte dagli scarichi urbani, parte da rifiuti mal gestiti o abbandonati lungo fiumi e canali. Una percentuale significativa arriva anche da **reti da pesca smarrite o volutamente abbandonate**, chiamate "ghost nets", che continuano a intrappolare e uccidere animali marini per anni, in una pesca fantasma che non si ferma mai.

Le grandi città costiere, soprattutto nei paesi dove la gestione dei rifiuti è scarsa o assente, riversano plastica in mare ogni giorno. Ma anche lontano dai mari, nell'entroterra, i nostri rifiuti possono percorrere **lunghi viaggi invisibili**: trasportati dal vento, dalle piogge, dai fiumi. Oggetti apparentemente innocui come un sacchetto o una bottiglia possono attraversare centinaia di chilometri prima di raggiungere l'oceano. E una volta arrivati, **non se ne vanno più**.

Nel cuore degli oceani, le correnti marine formano **vortici giganti**, chiamati "gyres", che intrappolano milioni di frammenti di plastica. Così nascono le famigerate **isole di**

plastica: non isole nel senso tradizionale, ma **sospensioni galleggianti di rifiuti** e microframmenti che coprono superfici immense. La più nota è la Great Pacific Garbage Patch, nel nord del Pacifico, una massa di plastica grande almeno **tre volte la Francia**, che si estende tra California e Giappone. Ma esistono isole simili anche nell'Atlantico e nell'Oceano Indiano. Sono invisibili dai satelliti, perché non si tratta di blocchi compatti, ma di una **zuppa tossica** in sospensione, densa di microplastiche.

Le **microplastiche** sono uno degli aspetti più inquietanti del problema. Non sempre nascono piccole: la maggior parte proviene dalla degradazione di oggetti più grandi – bottiglie, imballaggi, reti – che, esposti a sole, onde e salsedine, si spezzano in frammenti invisibili a occhio nudo. Altre microplastiche invece vengono prodotte direttamente come tali: sono i **microgranuli contenuti nei cosmetici**, nei detergenti, negli scrub, o i filamenti sintetici rilasciati dai vestiti durante i lavaggi. Questi frammenti minuscoli, più piccoli di 5 mm, **entrano facilmente nella catena alimentare marina**: vengono ingeriti da plancton, molluschi, pesci, tartarughe, uccelli marini, e infine dagli esseri umani.

Gli effetti sull'**ecosistema marino** sono devastanti. Gli animali confondono la plastica per cibo: le tartarughe mangiano sacchetti scambiandoli per meduse, gli uccelli marini nutrono i propri piccoli con tappi, mozziconi e frammenti, riempiendo i loro stomaci fino alla morte. I pesci più piccoli accumulano plastica nei tessuti, che si bioaccumula man mano che si sale nella catena alimentare. Alcuni studi hanno dimostrato la presenza di **nanoplastiche perfino nel sangue umano, nella placenta e nel latte materno**: ciò che inizia in mare, finisce nei nostri corpi.

Ma i danni non sono solo fisici: la plastica altera anche gli **equilibri chimici e biologici** degli oceani. Alcuni polimeri rilasciano **sostanze tossiche** che interferiscono con la riproduzione degli organismi marini. Altri frammenti diventano **veicoli per batteri patogeni e inquinanti chimici**, trasportandoli in nuove aree. Inoltre, la presenza diffusa di plastica modifica i fondali, altera gli habitat, impedisce la crescita del corallo, e compromette i delicati meccanismi che regolano l'assorbimento del carbonio da parte degli oceani.

Infine, tutto questo ha **un costo umano ed economico**. Le comunità costiere dipendono spesso dalla pesca e dal turismo: entrambe attività minacciate dalla plastica marina. Le reti si intasano, i pesci muoiono, le spiagge si coprono di rifiuti, danneggiando l'immagine turistica e l'economia locale. Secondo le stime dell'ONU, l'inquinamento marino da plastica costa alla società globale **decine di miliardi di dollari ogni anno**, tra danni ambientali, sanitari e perdite economiche.

Una delle caratteristiche più inquietanti dell'inquinamento da plastica nei mari è la sua **capacità di persistere e trasformarsi**, mutando forma e impatto nel tempo. Ogni oggetto plastico che finisce in acqua inizia un **viaggio che può durare secoli**, attraversando fasi diverse: da prodotto riconoscibile a frammento, da frammento a particella invisibile, da rifiuto galleggiante a sedimento marino. Alcuni materiali affondano, altri restano in superficie, altri ancora vengono spinti sulle coste. Ma nessuno scompare davvero. Anche quando non lo vediamo più, la plastica continua ad **agire chimicamente sull'ambiente**, come un veleno lento.

Gli oceani sono diventati un **serbatoio silenzioso** di questi scarti. Ogni centimetro quadrato dell'oceano contiene tracce di plastica: le acque superficiali, i fondali, le barriere coralline, le fosse oceaniche più profonde. Nel 2020, microplastiche sono state trovate nella Fossa delle Marianne, il punto più profondo della Terra, a oltre **11.000 metri** di profondità. Questo ci dice che non esiste un luogo sicuro o incontaminato: ogni angolo del pianeta blu è stato raggiunto da ciò che gettiamo via con leggerezza.

Le specie marine reagiscono in modi diversi a questa intrusione tossica. Gli **invertebrati filtratori** – come cozze, ostriche e spugne – sono particolarmente vulnerabili: filtrando l'acqua per nutrirsi, ingeriscono automaticamente microplastiche e contaminanti. I **cetacei**, come balene e delfini, possono ingerire plastica indirettamente attraverso il plancton contaminato o direttamente quando scambiano sacchi e oggetti galleggianti per cibo. Le **tartarughe marine**, che già affrontano numerose minacce come la pesca accidentale e la perdita di habitat, vedono la plastica come una preda: ingestione e intrappolamento sono cause comuni di morte.

La plastica non colpisce solo gli animali, ma anche **gli habitat marini stessi**. Quando frammenti si depositano sui coralli, ne ostacolano la fotosintesi e la crescita, rendendo l'intero ecosistema più vulnerabile allo sbiancamento e alla morte. Le praterie di **posidonia oceanica**, essenziali per l'equilibrio dei fondali e la produzione di ossigeno, vengono soffocate dai rifiuti plastici. I sedimenti marini si alterano, cambiando la loro composizione chimica e la capacità di sostenere la vita.

Un altro aspetto spesso trascurato è il ruolo della plastica come **trasportatore di specie invasive**. Oggetti galleggianti – bottiglie, cassette, reti – offrono superfici su cui organismi marini come alghe, cirripedi e piccoli crostacei possono ancorarsi. Trascinati dalle correnti per migliaia di chilometri, questi "autostoppisti" della plastica possono colonizzare nuove aree, mettendo in pericolo gli equilibri locali. In questo modo, la plastica contribuisce anche a una forma di **alterazione biologica planetaria**, favorendo la diffusione di specie estranee agli ecosistemi.

Sul piano atmosferico, l'impatto dei rifiuti plastici nei mari si intreccia anche al **cambiamento climatico**. Alcuni studi hanno evidenziato che le microplastiche presenti in mare interferiscono con l'assorbimento della luce e con l'attività fotosintetica del fitoplancton – il primo produttore di ossigeno del pianeta. Meno fitoplancton significa meno assorbimento di CO_2 e quindi una **minore capacità degli oceani di regolare il clima globale**. Anche la degradazione della plastica sotto il sole produce emissioni di gas serra, contribuendo a un circolo vizioso: più plastica, più calore, più instabilità.

Le conseguenze non si fermano ai confini naturali. I rifiuti marini, una volta spinti dalle onde sulle spiagge, diventano un **problema sociale e culturale**. Le comunità costiere, un tempo legate al mare in modo armonioso, oggi si trovano a convivere con l'invasione quotidiana di rifiuti che non hanno prodotto. In molti paesi, i volontari devono ripulire spiagge ogni giorno: i rifiuti si accumulano più velocemente di quanto possano essere rimossi. Alcune spiagge africane, asiatiche o sudamericane sono letteralmente **ricoperte da strati di plastica** che formano dune artificiali, soffocando sabbia, biodiversità e turismo.

Nei paesi industrializzati, il problema si manifesta anche nei consumi inconsapevoli. Ogni persona utilizza in media centinaia di articoli plastici all'anno, spesso per pochi minuti. Cannucce, tappi, posate, confezioni, pellicole, sacchetti, involucri singoli: la plastica è dappertutto, spesso mascherata dietro l'etichetta del "conveniente" o "igienico". Ma questo sistema genera **un'infinità di rifiuti che non scompaiono**, ma solo si spostano, si trasformano e ritornano da noi, sotto forma di danni ambientali, alimentari e sanitari.

Le soluzioni tecniche, per quanto promettenti, sono ancora in fase sperimentale o poco diffuse: si parla di **bioplastiche, materiali compostabili, impianti di raccolta in mare, robot pulitori, enzimi mangiaplastica**, ma nessuna di queste soluzioni può competere con la velocità e la quantità della plastica che entra ogni giorno nei mari. E mentre le innovazioni avanzano, il tempo stringe. Ogni minuto che passa equivale a un altro carico di rifiuti in acqua, un altro pezzo di oceano soffocato.

La plastica, sebbene sia uno dei materiali più versatili mai creati dall'uomo, è anche tra i più persistenti: quasi ogni pezzo mai prodotto esiste ancora oggi, in qualche forma, da qualche parte. Nell'ambiente marino, questa caratteristica di "immortalità" diventa un flagello, perché **il mare non ha strumenti naturali per degradare la plastica**. Le azioni di sole, vento e acqua possono solo romperla in pezzi più piccoli, mai eliminarla del tutto. È come se ogni plastica gettata in mare entrasse a far parte del corpo dell'oceano, una cicatrice chimica permanente.

Un esempio drammatico di questo fenomeno è rappresentato dai **pellets industriali**, anche chiamati "nurdles": minuscoli granuli di plastica vergine utilizzati come materia prima per la produzione di oggetti in plastica. Questi pellet, grandi come una lenticchia, sono leggeri e facilmente trasportabili dal vento e dall'acqua. Quando si verificano perdite accidentali durante il trasporto, il carico si riversa nei corsi d'acqua e infine in mare. Ogni anno, migliaia di tonnellate di nurdles finiscono negli oceani, dove vengono scambiati per uova di pesce o cibo da molte specie marine. Una volta ingeriti, questi granuli non solo occludono l'apparato digerente degli animali, ma **assorbono anche inquinanti tossici** come pesticidi, PCB e metalli pesanti, diventando dei veri e propri concentrati di veleno.

Le correnti oceaniche agiscono come **autostrade invisibili** per i rifiuti plastici. La cosiddetta "conveyor belt oceanica" – la grande circolazione termoalina che collega tutti gli oceani del mondo – contribuisce a trasportare la plastica su scala planetaria. Un pezzo di plastica gettato nel Mediterraneo, per esempio, può dopo anni arrivare sulle coste dell'Africa Occidentale, dell'America Latina o del Sud-est asiatico. Ciò rende il problema **profondamente transnazionale**: nessun Paese può affrontarlo da solo, perché i rifiuti marini non rispettano confini politici.

Un altro fenomeno preoccupante è il **fouling**, ovvero la colonizzazione della plastica galleggiante da parte di microrganismi, alghe, larve e piccoli invertebrati. Questo processo biologico altera il comportamento della plastica in mare: la rende più pesante, facendola affondare prima del previsto, oppure ne cambia la tossicità. Alcuni studiosi hanno identificato un'intera nuova nicchia ecologica su questi oggetti galleggianti, chiamata "**plastisfera**": un ecosistema artificiale, fatto di organismi opportunisti, spesso patogeni, che si nutrono e si riproducono sulla plastica. La plastisfera viaggia per gli oceani, **introducendo nuovi rischi biologici** in aree finora isolate.

In molte aree del mondo, la plastica non è solo un inquinante passivo, ma un **elemento attivo di distruzione economica**. Nelle Maldive, ad esempio, le barriere coralline soffrono sia per l'aumento della temperatura oceanica che per l'accumulo di rifiuti, e l'industria turistica subisce perdite ingenti. In Indonesia, uno dei maggiori contributori di plastica marina al mondo, alcune isole sono sommerse da rifiuti trasportati dalla corrente durante la stagione monsonica: sacchetti, scarpe, spazzolini, flaconi, giocattoli, ciabatte di gomma formano vere **masserie di plastica** sulle spiagge. A Bali, si contano giorni interi in cui è necessario **chiudere le spiagge ai turisti** per poter effettuare operazioni di pulizia con ruspe e camion.

Anche le navi commerciali e da crociera contribuiscono significativamente al problema. Malgrado le regolamentazioni internazionali vietino il rilascio di rifiuti in mare, **lo smaltimento illecito è ancora diffuso**, soprattutto in acque internazionali dove i controlli sono limitati. Oltre alla plastica, vengono scaricati anche rifiuti elettronici, residui chimici e materiali sanitari. Alcune indagini hanno rivelato che **gli equipaggi delle navi più vecchie sono incentivati a gettare i rifiuti in mare** piuttosto che conservarli a bordo fino al porto successivo.

Un ambito molto delicato è l'effetto della plastica sulle **comunità costiere più povere**, in particolare nei paesi del sud globale. In molte città dell'Asia meridionale, dell'Africa e dell'America Latina, **i rifiuti plastici invadono i delta dei fiumi**, ostruendo canali e provocando inondazioni durante la stagione delle piogge. Le baraccopoli costruite vicino a fiumi e lagune diventano discariche sommerse, con gravi conseguenze sanitarie per le famiglie che vivono a pochi metri da montagne di plastica galleggiante. In questi contesti, il problema dell'inquinamento marino è anche una **questione di giustizia ambientale**, perché colpisce in modo sproporzionato chi ha meno strumenti per difendersi o per intervenire.

Alcune immagini simboliche hanno fatto il giro del mondo, diventando manifesti silenziosi della crisi: l'**ippocampo attaccato a un cotton fioc**, la **tartaruga con la cannuccia nel naso**, la **balena trovata morta con 40 chili di plastica nello stomaco**, l'**airone che costruisce il nido con fili e tappi**, i **cuccioli di albatro nutriti con pezzi di accendini e capsule di plastica**. Ogni immagine è una storia che denuncia, in modo più potente di mille dati, il prezzo invisibile della nostra quotidianità.

Un aspetto poco noto dell'inquinamento da plastica marina è la sua **interazione con le reti alimentari**, che può stravolgere i rapporti tra prede e predatori. Quando piccoli organismi planctonici ingeriscono microplastiche, esse possono accumularsi nei tessuti e passare di livello in livello, in un processo noto come **bioamplificazione**. Così, ciò che inizia con minuscoli residui ingeriti da copepodi può arrivare, attraverso i pesci più piccoli, ai tonni, ai delfini e perfino agli esseri umani. Il problema non è solo fisico – il blocco intestinale o la riduzione del senso di sazietà – ma anche chimico: molte plastiche contengono o assorbono **interferenti endocrini**, sostanze che alterano il funzionamento ormonale e possono compromettere la riproduzione, la crescita, il comportamento e persino lo sviluppo neurologico di molte specie.

La plastica è spesso composta da polimeri apparentemente inerti, ma arricchita da **additivi chimici** come ftalati, bisfenolo A (BPA), ritardanti di fiamma, coloranti tossici, stabilizzanti UV, che possono fuoriuscire nell'acqua o nel corpo di chi li ingerisce. Questi additivi sono stati collegati a una varietà di problemi sanitari, inclusi tumori, infertilità, malformazioni congenite e malattie metaboliche. Anche se una bottiglia di plastica può sembrare "solo plastica", in realtà è un **cocktail complesso di sostanze tossiche**, molte delle quali persistono e si accumulano nell'ambiente e negli organismi viventi.

L'impatto dell'inquinamento plastico si misura anche in **termini di perdita culturale e spirituale**. Per molte comunità indigene e popolazioni costiere tradizionali, il mare non è solo una risorsa, ma un **luogo sacro**, una madre che nutre e protegge, uno spazio vivente di relazioni millenarie. L'arrivo della plastica sulle loro rive, la morte degli animali totemici, la contaminazione dei fondali usati per la pesca rituale rappresentano una violazione profonda, un trauma collettivo. Il mare smette di essere uno specchio del cielo e diventa una pattumiera globale, alterando anche le narrazioni, i miti, le identità locali.

Il problema assume dimensioni diverse nei **mari chiusi o semichiusi**, come il Mar Mediterraneo, il Mar Nero o il Mar Baltico, dove il ricambio d'acqua è lento e limitato. In questi bacini, la plastica tende ad accumularsi più rapidamente, e le microplastiche raggiungono concentrazioni più alte rispetto a quelle dell'Oceano Pacifico. Il Mar Mediterraneo, pur rappresentando solo l'1% delle acque mondiali, **contiene circa il 7% di tutta la plastica marina globale**, secondo i dati dell'IUCN. Questa sproporzione è dovuta non solo alla sua conformazione geografica, ma anche all'alta densità abitativa delle sue coste, al turismo di massa, alla navigazione intensa e alla scarsità di sistemi di raccolta efficienti in molte nazioni del bacino.

Un altro nodo critico è rappresentato dai **fiumi**, che funzionano come "autostrade della plastica" verso il mare. I dieci fiumi più inquinanti al mondo, tra cui il Gange, il Fiume Azzurro, il Mekong e il Nilo, da soli trasportano oltre il 90% dei rifiuti plastici fluviali che arrivano in mare. Ma anche i fiumi europei, come il Danubio, la Loira o il Po, contribuiscono in modo significativo. Le città fluviali spesso non riescono a intercettare i rifiuti prima che questi raggiungano l'estuario: bastano forti piogge, scarichi abusivi o eventi climatici estremi per trasformare un fiume in una **corrente nera di spazzatura**.

Persino i ghiacci polari non sono più esenti dalla contaminazione plastica. Studi recenti hanno rilevato microplastiche intrappolate nei **ghiacci artici e antartici**, portate fin lì dai venti e dalle correnti oceaniche. Quando il ghiaccio si scioglie, rilascia queste particelle nell'acqua, contribuendo alla contaminazione degli ecosistemi polari, un tempo considerati incontaminati. Gli uccelli marini dell'Artico, come le urie o le sterne artiche, sono oggi tra le specie con il più alto tasso di plastica nello stomaco al mondo.

Non mancano poi i **tentativi di risposta della natura stessa**: alcune specie di batteri e funghi marini sono in grado di degradare lentamente certi tipi di plastica, ma il processo è estremamente lento e parziale. La scienza sta studiando questi organismi per sviluppare enzimi o tecnologie di bioremediation, ma siamo ancora agli albori. È importante notare che la velocità con cui produciamo e disperdiamo plastica è **migliaia di volte superiore** alla velocità con cui la natura riesce a reagire.

L'inquinamento da plastica nei mari si ripercuote anche sul cibo che consumiamo. Pesci, crostacei, molluschi, persino il sale marino e l'acqua in bottiglia contengono **tracce rilevabili di microplastiche**. Uno studio del WWF stima che una persona possa ingerire fino a **5 grammi di plastica a settimana**, l'equivalente di una carta di credito. Gli effetti a lungo termine sull'organismo umano non sono ancora del tutto noti, ma le prime evidenze suggeriscono correlazioni con infiammazioni croniche, alterazioni del microbiota intestinale e disfunzioni immunitarie.

Anche gli eventi climatici estremi, come **uragani, tifoni o tsunami**, contribuiscono a peggiorare il quadro: non solo trascinano rifiuti terrestri in mare, ma frantumano e disperdono materiali plastici già presenti nell'ambiente. Ogni catastrofe naturale si trasforma così in una **micidiale centrifuga ecologica**, che amplifica l'inquinamento anziché limitarlo. Le barriere coralline distrutte da tempeste tropicali vengono ricoperte da detriti plastici, impedendo loro di rigenerarsi, mentre le coste colpite vengono invase da ondate di immondizia galleggiante.

Se vuoi, posso continuare ulteriormente con dati ancora più specifici, storie locali, analisi di singole aree del mondo, interazioni con altre forme di inquinamento (come petrolio o metalli pesanti), oppure esplorare le implicazioni legali, industriali o scolastiche del fenomeno. Vuoi che prosegua?

L'inquinamento plastico marino non è più una minaccia nascosta: è una **catastrofe visibile e sistemica**, con implicazioni ecologiche, sanitarie, economiche, culturali e morali. È il risultato di un modello produttivo lineare – produci, consuma, getta – che ha trovato nella plastica il suo materiale simbolo: economico, leggero, resistente, ma anche **terribilmente persistente**. Una bottiglia può sopravvivere centinaia di anni in mare, una rete da pesca abbandonata può continuare a catturare animali per decenni, un sacchetto può volare da un cassonetto fino al cuore dell'oceano.

Le **isole di plastica**, come la Great Pacific Garbage Patch, non sono luoghi lontani di fantasia, ma vere e proprie **aree galleggianti di rifiuti**, grandi come interi Paesi, formate da milioni di frammenti in sospensione che ruotano seguendo i vortici delle correnti oceaniche. Tuttavia, la plastica visibile è solo la punta dell'iceberg: **il 70% dei rifiuti plastici finisce**

nei fondali marini, spesso frammentato in micro- e nanoplastiche, difficilissime da rimuovere. Queste particelle invisibili si insinuano ovunque: nei pesci, nei molluschi, nei crostacei, nei sedimenti, nel plancton, e infine nei nostri piatti.

La contaminazione plastica rompe **interi equilibri ecologici**. Uccelli marini che non riescono più a distinguere il cibo dai rifiuti, tartarughe soffocate dai sacchetti, delfini che ingeriscono reti da pesca, coralli soffocati da plastica in decomposizione. Si calcola che **oltre un milione di uccelli marini e 100.000 mammiferi marini** muoiano ogni anno a causa della plastica. Ma il danno non si limita agli animali. Le comunità umane che vivono di pesca, turismo o risorse marine ne subiscono un impatto devastante: spiagge invase dai rifiuti, cali drastici del pescato, interruzioni delle attività economiche, contaminazione del cibo e dell'acqua.

L'inquinamento plastico è un **problema transnazionale**: non conosce frontiere, non si arresta davanti ai confini politici. Un sacchetto gettato oggi da una spiaggia italiana può finire sulle coste africane tra qualche anno. Questo rende urgente una cooperazione internazionale che superi le logiche individuali. Gli sforzi locali, pur meritori, non bastano: occorre un cambiamento globale nelle abitudini di produzione e consumo, nelle normative, nell'educazione ambientale, nella gestione dei rifiuti.

Le iniziative di pulizia, come quelle condotte da organizzazioni non governative, progetti oceanici o campagne di sensibilizzazione, sono fondamentali per rimuovere il materiale già disperso. Tuttavia, **non possono affrontare la radice del problema**. Solo **una drastica riduzione dell'uso della plastica monouso**, unita a una **ripensata progettazione dei materiali**, può invertire la rotta. È necessaria una transizione verso un'economia circolare, in cui i prodotti siano progettati per durare, essere riutilizzati o facilmente riciclati.

Le soluzioni tecnologiche – come i filtri anti-microplastiche per le lavatrici, le bioplastiche compostabili, i sistemi di raccolta marina galleggiante, i robot subacquei che rimuovono i rifiuti – offrono strumenti promettenti, ma **non sostituiscono il cambiamento culturale**. Ogni gesto individuale conta, ogni scelta quotidiana ha un impatto, ogni voce può contribuire a modificare il destino del nostro pianeta blu.

I mari non sono più spazi infiniti e invulnerabili. Sono **ecosistemi fragili, interconnessi, esposti**, e inquinati oltre i limiti della resilienza. In questo scenario, la plastica non è soltanto un rifiuto materiale, ma un **simbolo della crisi del nostro rapporto con la natura**: un oggetto creato per durare pochi minuti, che rimane presente per secoli, danneggiando ciò che dovrebbe invece sostenere la vita.

3. Nel Profondo della Terra: Rifiuti interrati e discariche illegali
Cosa succede ai rifiuti che seppelliamo? Inquinamento del suolo e delle falde acquifere.

Sotto la superficie della Terra, lontano dagli occhi e dal controllo immediato, si nasconde un mondo silenzioso ma devastato: quello dei rifiuti interrati e delle discariche, sia legali che clandestine. A differenza dell'inquinamento marino, spesso visibile nelle sue forme più eclatanti, quello sotterraneo è subdolo, lento e molto più difficile da individuare. Una volta che un rifiuto penetra nel terreno, comincia un percorso invisibile fatto di percolazioni, migrazioni chimiche e trasformazioni tossiche che possono alterare profondamente gli equilibri del suolo e delle falde idriche.

Quando parliamo di rifiuti interrati, ci riferiamo a tutte le forme di smaltimento sotterraneo di materiale solido, sia organizzate – come le discariche autorizzate – che abusive, come gli interramenti illegali di rifiuti industriali, edili o tossici. Una discarica legale è progettata per contenere i rifiuti in modo controllato, spesso isolandoli dal resto dell'ambiente tramite barriere artificiali, teli impermeabili, sistemi di raccolta del percolato e sensori. Tuttavia, anche le migliori discariche hanno una **vita utile limitata**, e dopo qualche decennio, i materiali isolanti iniziano a degradarsi, lasciando spazio alla fuoriuscita di liquidi contaminanti.

Il **percolato**, appunto, è il liquido nero e denso che si forma quando l'acqua piovana attraversa i rifiuti decomponendoli. È un vero concentrato di sostanze tossiche, metalli pesanti, solventi industriali, residui chimici, pesticidi e altre molecole dannose. Se il sistema di raccolta del percolato fallisce – come accade frequentemente nelle discariche abbandonate o non regolamentate – questo liquido raggiunge il sottosuolo e penetra nelle **falde acquifere**, le riserve d'acqua potabile che alimentano pozzi, sorgenti e fiumi sotterranei. La contaminazione delle falde è spesso irreversibile e può rendere **intere zone inabitabili o non coltivabili per decenni**.

Il suolo contaminato da rifiuti interrati perde progressivamente le sue funzioni vitali: la capacità di filtrare, rigenerare, sostenere la vita microbiotica, nutrire le piante. I rifiuti tossici alterano il pH, avvelenano le radici, sterilizzano i microrganismi, e interrompono il ciclo naturale dei nutrienti. Nei terreni agricoli, la presenza di scarti industriali nascosti può significare **raccolti contaminati, esposizione pericolosa per i lavoratori e danni alla salute dei consumatori**. Non a caso, molte delle cosiddette "terre dei fuochi" in Italia sono il frutto diretto di **decenni di interramenti abusivi** di rifiuti tossici sotto campi coltivati.

Il fenomeno delle **discariche illegali** è particolarmente diffuso in zone rurali o periferiche, dove il controllo statale è debole e la criminalità organizzata ha trovato un canale lucroso nello smaltimento illecito. In molte regioni del mondo, lo smaltimento "a nero" dei rifiuti industriali – spesso derivanti da lavorazioni pericolose come la concia delle pelli, la raffinazione chimica, la produzione elettronica o farmaceutica – ha causato **catastrofi ecologiche silenziose**. Camion carichi di fusti tossici scaricati di notte in cave dismesse, rifiuti radioattivi sepolti sotto strade o capannoni, cumuli di sostanze chimiche coperti da uno strato di terra: questi sono solo alcuni esempi delle pratiche che continuano a devastare ampie porzioni del pianeta.

La difficoltà nel localizzare i rifiuti interrati rende la bonifica **tecnicamente complessa e costosa**. Spesso ci si accorge della loro presenza solo dopo anni, quando emergono segnali inquietanti: odori acri, malformazioni nei neonati, incremento di tumori, morte improvvisa della vegetazione, inquinamento dell'acqua di pozzo. I costi per il recupero ambientale possono superare di gran lunga quelli del trattamento corretto dei rifiuti all'origine. In molti casi, lo Stato è costretto a farsi carico delle bonifiche, lasciando ai cittadini l'onere economico di crimini ambientali che non hanno commesso.

Ci sono anche discariche nate in epoche in cui non esisteva una piena coscienza ecologica, e che oggi rappresentano **bombe ambientali dormienti**. Molte di queste contengono rifiuti urbani misti a rifiuti industriali, ospedalieri, elettronici, a volte addirittura scorie radioattive. Il loro contenuto è spesso sconosciuto, non mappato, e quindi potenzialmente pericoloso se smosso da scavi, costruzioni o eventi naturali. In caso di terremoti, alluvioni o dissesti geologici, questi siti possono liberare sostanze pericolose nel territorio circostante in modo incontrollabile.

Anche l'utilizzo di **terre e rocce da scavo** contaminate, riutilizzate illegalmente in edilizia o in opere pubbliche, può contribuire all'inquinamento sotterraneo. Terreni apparentemente "neutri" possono in realtà contenere residui di idrocarburi, solventi clorurati, amianto o metalli pesanti. Le normative sul tracciamento dei materiali di scavo sono spesso disattese, e ciò consente a imprese senza scrupoli di risparmiare sullo smaltimento, riversando il problema sull'ambiente.

Posso continuare ad approfondire ulteriormente con analisi su aree specifiche del mondo, esempi di bonifiche riuscite, impatti sulla salute, meccanismi legislativi, soluzioni innovative, o processi storici che hanno portato all'attuale situazione. Vuoi che prosegua?

I rifiuti interrati rappresentano una delle forme più pericolose di inquinamento ambientale perché operano **in silenzio, nella profondità del suolo**, spesso per anni o decenni, prima che i danni si manifestino in superficie. In molti casi, i materiali sotterrati includono sostanze chimiche persistenti e altamente tossiche, come i **PCB (policlorobifenili)**, le **diossine**, i **composti aromatici policiclici**, i **metalli pesanti** (piombo, cadmio, mercurio, arsenico), le **sostanze perfluoroalchiliche (PFAS)**, e addirittura **scorie radioattive** provenienti da processi industriali o da apparecchiature dismesse.

Il comportamento di queste sostanze nel sottosuolo dipende da numerosi fattori: la composizione geologica del terreno, la profondità della falda acquifera, la porosità e la permeabilità degli strati rocciosi, il livello delle piogge stagionali, la temperatura e il tipo di vegetazione. Alcune sostanze, come il mercurio o i solventi clorurati, hanno un'elevata **mobilità chimica**, il che significa che possono spostarsi anche per chilometri rispetto al punto di origine, **inquinando terreni, falde, sorgenti lontane**, e rendendo difficile ricostruire il percorso della contaminazione.

In molte regioni, soprattutto in quelle che hanno vissuto una forte industrializzazione nel Novecento, è difficile stabilire una netta distinzione tra discariche regolari e siti contaminati. Molte **vecchie aree industriali dismesse** – come raffinerie, impianti chimici, depositi di carburante, fonderie, cementifici – sono state costruite quando ancora non esistevano vincoli ambientali o controlli di tracciabilità. In questi luoghi, **la contaminazione del sottosuolo è endemica**, stratificata, distribuita a macchia di leopardo, e a volte legata anche a incidenti non documentati, perdite occulte da serbatoi, scarichi abusivi di liquidi corrosivi o interramenti sistematici di materiali pericolosi.

I **serbatoi interrati**, ad esempio, rappresentano una delle cause più comuni di contaminazione del suolo urbano e industriale. Questi contenitori, in acciaio o plastica, venivano utilizzati per stoccare carburanti, oli, solventi, acidi o basi. Con il tempo, la **corrosione** dei materiali ha permesso la fuoriuscita lenta ma costante delle sostanze contenute, dando origine a focolai di inquinamento spesso non rilevati per anni. Ancora oggi, in molti siti produttivi o commerciali dismessi, i serbatoi vengono scoperti solo in fase di demolizione o riconversione urbanistica.

Un altro aspetto poco conosciuto ma estremamente impattante è quello legato ai **rifiuti elettronici** – i cosiddetti **RAEE** (rifiuti di apparecchiature elettriche ed elettroniche) – che vengono smaltiti illegalmente sottoterra in molte regioni, sia del Nord che del Sud del mondo. Questi rifiuti contengono sostanze estremamente pericolose, come piombo, cadmio, berillio, bromurati e mercurio, che **rilasciano nel suolo una miscela tossica di metalli e composti organici**, molto difficili da rimuovere una volta penetrati nel sottosuolo. I circuiti stampati, le batterie al litio, i condensatori, i monitor e le televisioni a tubo catodico sono tra i rifiuti elettronici più contaminanti.

Le **terre contaminate** perdono anche il loro valore economico. La presenza di rifiuti interrati o falde inquinate deprezza drasticamente gli immobili, impedisce lo sviluppo edilizio, ostacola la valorizzazione agricola e rappresenta un costo enorme per le amministrazioni locali, che si trovano spesso coinvolte in **lunghi iter giudiziari** e **complesse operazioni di bonifica**. In alcune aree, le autorità devono procedere a **mappature estensive del sottosuolo con tecnologie geofisiche, perforazioni e carotaggi**, cercando di ricostruire la storia nascosta di depositi e interramenti abusivi, spesso senza una documentazione storica affidabile.

La **gestione delle bonifiche** è un altro nodo critico. Una volta identificato un sito contaminato, è necessario stabilire il tipo di intervento: escavazione totale, isolamento in loco, inertizzazione chimica, trattamenti termici, fitodepurazione o bioremediation. Queste tecnologie richiedono **tempi lunghi, competenze specialistiche, infrastrutture dedicate e soprattutto ingenti risorse economiche**. I costi possono variare da qualche centinaio di migliaia di euro per siti di piccole dimensioni, fino a decine o centinaia di milioni per le grandi bonifiche industriali. Inoltre, esiste sempre il rischio che lo spostamento dei materiali inquinanti possa **spostare o aggravare la contaminazione**, se non gestito in modo estremamente controllato.

Va anche detto che non tutti i rifiuti interrati sono frutto di attività industriali. In molte realtà urbane e rurali, **lo smaltimento domestico abusivo** nel sottosuolo è ancora una pratica diffusa: sacchi di immondizia gettati in scarpate, rifiuti da giardino bruciati e poi coperti da terra, residui di edilizia interrati per evitare i costi della discarica. Anche queste azioni, seppure su scala minore, contribuiscono a **intaccare l'equilibrio del suolo e a contaminare le acque sotterranee**. Le vernici, i solventi, le pile esauste, gli oli da cucina o da motore versati nel terreno possono trasformarsi in **fonti localizzate ma persistenti di contaminazione**.

Vuoi che continui con altri approfondimenti su specifici casi reali, tecnologie di tracciamento, normative italiane o internazionali, oppure effetti sulla salute umana e sulla biodiversità sotterranea?

In molte regioni del mondo, il problema dei rifiuti interrati è aggravato dalla **scarsità di controlli e dalla complicità tra criminalità organizzata e settori deviati delle istituzioni**. In Italia, ad esempio, la cosiddetta "Terra dei fuochi" tra Napoli e Caserta è divenuta tristemente celebre proprio per lo smaltimento illecito di rifiuti industriali, ospedalieri e tossici, interrati sotto campi coltivati, strade, capannoni e perfino scuole. Le inchieste giudiziarie e giornalistiche hanno rivelato una rete strutturata di connivenze tra imprese del nord Italia che volevano disfarsi a basso costo dei loro scarti, intermediari corrotti e clan camorristici che controllavano il territorio e offrivano "servizi" di smaltimento a costi irrisori, sebbene con metodi criminali. Ma questo scenario si ripete anche altrove: in Campania, Calabria, Sicilia, ma anche in zone industrializzate del Nord, in Europa dell'Est, in Sudamerica e in Asia.

L'inquinamento del suolo e delle falde acquifere causato dai rifiuti interrati non rimane mai confinato al punto d'origine. I **flussi idrici sotterranei**, detti anche correnti freatiche, trasportano le sostanze tossiche molto più lontano di quanto si immagini. Una discarica interrata a chilometri di distanza da un centro abitato può inquinare l'acqua di un pozzo agricolo, oppure una falda che alimenta un acquedotto. Quando le sostanze tossiche penetrano negli strati profondi, possono restare lì **per secoli**, senza disperdersi, e con un potenziale dannoso continuo. Alcuni composti chimici sono talmente resistenti che non si degradano nemmeno dopo decenni, come i PFAS (sostanze perfluoroalchiliche), che sono oggetto di crescente attenzione scientifica e istituzionale per i loro **effetti cancerogeni, endocrini e riproduttivi**.

Un altro fattore di preoccupazione è l'**interazione tra rifiuti interrati e fenomeni naturali**, come piogge abbondanti, inondazioni, frane o terremoti. In caso di eventi estremi, i depositi sotterranei possono venire messi in movimento, esposti in superficie, o possono cambiare la direzione del flusso del percolato, inquinando nuove aree. Durante le alluvioni, il terreno satura d'acqua accelera la dispersione delle sostanze tossiche, mentre le frane possono scoprire interramenti abusivi rimasti nascosti per decenni. Nei casi peggiori, questi eventi trasformano un problema locale in una **crisi ambientale**

regionale, difficile da contenere con i normali mezzi di intervento.

Il **contributo dell'archeologia ambientale** sta diventando sempre più rilevante per la ricostruzione della storia nascosta dei rifiuti interrati. Analizzando gli strati di terreno, gli studiosi possono identificare materiali estranei alla composizione geologica naturale, datarli, studiarne l'origine e ricostruire cronologicamente gli episodi di inquinamento. In molte città europee e americane, durante gli scavi per nuove costruzioni o per la posa di metropolitane, sono stati scoperti veri e propri **strati storici di rifiuti**, spesso risalenti a epoche industriali remote, quando non esisteva ancora una normativa ambientale.

Le **tecnologie per la rilevazione dei rifiuti interrati** sono in continua evoluzione. Strumenti come il georadar (GPR), la tomografia elettrica, la spettrometria gamma, le perforazioni a carotaggio continuo e le sonde a gas servono a individuare anomalie nel sottosuolo e a stimare la presenza di materiali sepolti senza dover effettuare scavi massicci. Questi strumenti vengono utilizzati sia in fase preventiva – ad esempio per verificare la salubrità di un terreno prima di costruire – sia in fase investigativa, su sospetto di smaltimenti abusivi. Tuttavia, la presenza di materiali eterogenei e profondità variabili spesso rende difficile distinguere i rifiuti da rocce naturali o da vecchie costruzioni interrate.

Uno degli aspetti più tragici di questo fenomeno è l'impatto **sulla salute umana**, soprattutto nei bambini e nei soggetti più vulnerabili. Diversi studi epidemiologici hanno riscontrato un aumento dell'incidenza di **tumori, malformazioni congenite, disturbi endocrini, infertilità, malattie respiratorie e neurologiche** in aree soggette a contaminazione sotterranea. Le sostanze rilasciate nel terreno, infatti, possono raggiungere la catena alimentare attraverso l'acqua contaminata, le piante coltivate in terreni avvelenati, gli animali da allevamento che pascolano in zone inquinate. Le popolazioni esposte per decenni a questo tipo di contaminazione sviluppano malattie che, per la loro natura cronica e subdola, **non sempre vengono correlate in modo diretto all'ambiente**, il che complica ulteriormente il riconoscimento di diritti e risarcimenti.

Il tema dei rifiuti interrati tocca anche una dimensione **etica e generazionale**. I danni che oggi vengono scoperti in molte zone del mondo sono frutto di scelte fatte 30, 40, anche 70 anni fa. Generazioni passate hanno smaltito i propri scarti senza preoccuparsi delle conseguenze, affidandosi alla logica del "lontano dagli occhi, lontano dal cuore". Ma i rifiuti non scompaiono: restano, mutano, migrano. E i loro effetti ricadono su chi oggi nasce, vive, lavora e consuma prodotti cresciuti su quei terreni. È una **forma di debito ambientale**, un'eredità tossica che grava sulle spalle delle generazioni future, spesso senza possibilità di difesa o di scelta.

Il fenomeno dei rifiuti interrati si manifesta in forme diverse, a seconda del contesto geografico, economico e normativo in cui si verifica. In molti Paesi in via di sviluppo, ad esempio, lo smaltimento sotterraneo è la soluzione più economica e immediata per gestire la crescita esplosiva dei rifiuti urbani, specialmente nelle megalopoli dove le discariche ufficiali sono sovraccariche o inesistenti. In queste aree, interrare rifiuti diventa una pratica quotidiana, spesso improvvisata, svolta anche dagli stessi cittadini nei terreni incolti, ai margini delle strade o persino sotto le abitazioni. I rifiuti organici si mescolano con plastica, batterie esauste, resti elettronici, vestiti sintetici, medicinali scaduti e materiali da costruzione contaminati, creando una **miscela eterogenea difficile da trattare** e pericolosa da ignorare.

Una forma particolarmente insidiosa di inquinamento sotterraneo è quella causata dai **fanghi industriali** e dai **residui della depurazione**, che in alcune realtà vengono interrati con falsi certificati di compostabilità o miscelati con materiali inerti per camuffarne l'origine. Questi fanghi, provenienti da attività come la concia delle pelli, la galvanica, la chimica, la farmaceutica, o la produzione energetica, possono contenere altissimi livelli di metalli pesanti e sostanze organiche volatili. Quando vengono interrati illegalmente, rilasciano nel tempo **percolato altamente inquinante**, che si infiltra nei pori del terreno e compromette sia le funzioni biologiche del suolo sia la qualità delle acque di falda.

Il **percolato** è una delle conseguenze più gravi e complesse da gestire nei siti contaminati. Si tratta di un liquido nerastro, denso e maleodorante, che si forma quando l'acqua piovana o l'umidità presente nel suolo attraversa strati di rifiuti interrati, estraendone composti chimici, metalli e sostanze tossiche. Questo fluido può contenere un'ampia gamma di agenti inquinanti: ammoniaca, arsenico, cromo, piombo, solventi organici, nitrati, fosfati, fenoli e altri composti cancerogeni. Una volta penetrato in falda, il percolato **diffonde la contaminazione in modo capillare**, rendendo la bonifica estremamente complessa e costosa, perché richiede la rimozione di interi strati di terreno o l'installazione di barriere idrauliche e impianti di trattamento dell'acqua.

Una dimensione poco esplorata ma fondamentale del problema riguarda **gli effetti sull'attività agricola**. I rifiuti interrati, specialmente in zone rurali, possono modificare la composizione chimica del terreno, alterarne la fertilità e contaminare le colture. Alcune piante, come il mais, la lattuga o i pomodori, sono in grado di assorbire metalli pesanti attraverso le radici e di immagazzinarli nei tessuti vegetali. Questi prodotti finiscono poi nella catena alimentare umana e animale, contribuendo all'accumulo cronico di sostanze tossiche nell'organismo. A peggiorare la situazione, spesso i terreni contaminati continuano a essere coltivati perché **l'inquinamento è invisibile**, non provoca immediatamente effetti visibili sulle piante, e solo analisi di laboratorio specifiche possono rilevarne la pericolosità.

Anche **le radici degli alberi** possono risentire in modo drammatico della presenza di rifiuti nel sottosuolo. In alcuni casi, le radici cercano di evitare le zone contaminate, sviluppandosi in modo anomalo, superficiale, causando instabilità della pianta. In altri casi, le sostanze tossiche danneggiano direttamente i tessuti radicali, compromettendo la capacità di assorbire acqua e nutrienti. Questo si traduce in una ridotta crescita, perdita di fogliame, malattie fungine e morte precoce degli alberi, con impatti su tutto il microclima e l'ecosistema locale.

A livello normativo, le **leggi italiane e internazionali** prevedono che chi inquina debba pagare, secondo il principio "chi inquina paga" stabilito da convenzioni europee e direttive ambientali. Tuttavia, in molti casi **i responsabili non vengono identificati** oppure sono falliti, deceduti o irreperibili. Ciò significa che **il costo della bonifica ricade sulle amministrazioni pubbliche**, cioè sui cittadini. Inoltre, il lungo iter burocratico per classificare un sito come contaminato, approvare un piano di bonifica e ottenere i finanziamenti può richiedere **anni, se non decenni**, durante i quali il sito rimane inquinato, pericoloso e inutilizzabile.

Non va dimenticato che i rifiuti interrati possono rappresentare anche **una minaccia per le infrastrutture**. In prossimità di tubazioni, cavi elettrici, fondamenta o strade, la presenza di sostanze corrosive o di gas sviluppati dalla decomposizione (come il metano o l'idrogeno solforato) può deteriorare i materiali da costruzione, creare vuoti sotterranei, provocare cedimenti strutturali, esplosioni o incendi sotterranei. Alcune discariche interrate, soprattutto quelle contenenti rifiuti organici, continuano a **generare gas per decenni**, con conseguenti rischi di combustione spontanea o rilascio di esalazioni tossiche in superficie.

Nel tempo, molti territori hanno cominciato a sperimentare **forme alternative di indagine e partecipazione civica**, come le mappature comunitarie del territorio, il biomonitoraggio partecipativo (analisi del sangue e dei capelli dei cittadini), le denunce collettive e l'utilizzo delle nuove tecnologie di sorveglianza, come droni e sensori da remoto. In alcuni casi, il contributo delle **associazioni ambientaliste** è stato fondamentale per portare alla luce casi di inquinamento occultato o trascurato. Anche le **testimonianze storiche degli abitanti** – memoria orale di camion notturni, odori sospetti, cambiamenti inspiegabili nei raccolti – si sono rivelate utili per guidare gli scavi e le indagini nei luoghi sospetti.

Posso continuare con ulteriori approfondimenti sull'effetto dei rifiuti interrati su microrganismi del suolo, sugli impatti economici a lungo termine o su esempi di bonifiche riuscite o fallite nel mondo. Fammi sapere come vuoi proseguire.

La problematica dei rifiuti interrati e delle discariche illegali rappresenta una delle minacce ambientali più insidiose e silenziose del nostro tempo. A differenza dei rifiuti visibili o galleggianti, quelli sotterranei agiscono nell'ombra, lontano dallo sguardo dell'opinione pubblica, ma con effetti devastanti che si manifestano lentamente e in modo pervasivo. La loro pericolosità non si esaurisce nel momento in cui vengono seppelliti, ma si amplifica nel tempo, seguendo dinamiche chimiche e biologiche che rendono difficile la bonifica e quasi impossibile il ritorno a condizioni ambientali originarie.

Quando rifiuti pericolosi vengono interrati, soprattutto in modo abusivo, si altera in modo profondo la fisiologia del suolo: le sue capacità di rigenerazione biologica vengono compromesse, il pH si modifica, i microrganismi benefici scompaiono, la struttura fisica si degrada. Il suolo diventa così un ambiente ostile, incapace di sostenere coltivazioni sicure, privo di biodiversità e spesso anche instabile sotto il profilo geomeccanico. Tutto ciò si ripercuote sulla qualità dell'aria, delle falde idriche e dei prodotti agricoli, con conseguenze a catena su salute umana, economia locale e sicurezza ambientale.

Il legame tra rifiuti interrati e inquinamento delle acque sotterranee è particolarmente critico. Una volta che le sostanze tossiche raggiungono una falda acquifera, possono espandersi rapidamente, contaminando pozzi potabili, irrigui o industriali. La rimozione di queste sostanze è tecnicamente complessa, richiede anni di trattamento e può comportare costi enormi, sia in termini economici che sanitari. Inoltre, l'avvelenamento delle acque può perdurare anche dopo la rimozione dei rifiuti solidi, a causa della persistenza di microinquinanti, metalli pesanti e contaminanti emergenti come i PFAS, che non si degradano facilmente.

L'aspetto più drammatico è che molte di queste discariche abusive sono state create deliberatamente, nella totale consapevolezza del danno arrecato all'ambiente e alla salute pubblica. Questo solleva questioni gravi di giustizia ambientale: le popolazioni più esposte – spesso comunità povere, rurali o marginalizzate – sono anche quelle meno tutelate e meno in grado di difendersi legalmente. In molti casi, le famiglie vivono per anni sopra terreni avvelenati, coltivano orti contaminati, bevono acqua infetta, senza saperlo, e quando emergono i problemi sanitari, è ormai troppo tardi per rimediare.

La lotta contro i rifiuti interrati richiede quindi un approccio multidimensionale. È necessaria un'azione coordinata tra enti locali, agenzie ambientali, forze dell'ordine, magistratura, ricercatori scientifici e società civile. Vanno potenziati i sistemi di monitoraggio ambientale, con tecnologie capaci di indagare il sottosuolo in modo non invasivo. Vanno aggiornate e fatte rispettare le normative, con pene severe per i responsabili e risarcimenti adeguati per le vittime. Servono investimenti pubblici per le bonifiche, incentivi alla rigenerazione dei territori contaminati e soprattutto una cultura diffusa della legalità ambientale.

Infine, è fondamentale promuovere una nuova consapevolezza collettiva: interrare rifiuti non significa cancellarli, ma solo nasconderli temporaneamente, a danno di tutti. Il terreno non è una discarica invisibile, ma un ecosistema vivo, complesso, indispensabile alla vita sul pianeta. Proteggere il suolo significa proteggere la nostra salute, il nostro cibo, il nostro futuro. Ogni scelta sbagliata che facciamo oggi, ogni scorciatoia presa per ignoranza, incuria o profitto, si ripresenterà domani con interessi, sotto forma di malattie, crisi idriche, degrado ambientale e perdita di fiducia nei confronti delle istituzioni. La vera sfida è restituire dignità alla terra, sottraendola all'ombra dell'inquinamento e riportandola alla luce della responsabilità condivisa.

4. L'Aria che Respiriamo: Inquinamento atmosferico e inceneritori Le emissioni nocive da trasporti, industrie e inceneritori. Effetti sul clima e sulla salute.

L'aria è un elemento invisibile, spesso dato per scontato, eppure è la prima risorsa vitale che introduciamo nel nostro corpo, oltre duecento volte al giorno. Ogni respiro ci collega direttamente con il mondo esterno, e con esso anche con le sue impurità, sostanze volatili e particelle invisibili che derivano da un sistema produttivo, energetico e logistico fondato su combustioni, processi chimici e sprechi. L'inquinamento atmosferico è il risultato di una serie di emissioni nocive che provengono da diverse fonti, spesso sovrapposte: i trasporti su strada e via aerea, le centrali energetiche, gli impianti industriali, l'agricoltura intensiva, le attività domestiche e, in maniera sempre più critica, gli inceneritori.

Le polveri sottili, note come PM10 e PM2.5, sono tra le sostanze più pericolose per la salute umana. Le PM10 sono particelle con un diametro inferiore a 10 micron, mentre le PM2.5 sono ancora più piccole e penetrano facilmente nei polmoni, raggiungendo gli alveoli e persino il flusso sanguigno. Queste polveri sono spesso un cocktail di metalli pesanti, idrocarburi policiclici aromatici, solfati, nitrati e residui organici derivati dalla combustione incompleta di carburanti fossili. Le fonti principali sono i motori a benzina e diesel, il riscaldamento domestico a legna e pellet, e in modo significativo, gli impianti di incenerimento dei rifiuti.

Gli inceneritori, chiamati anche termovalorizzatori quando producono energia elettrica o calore, sono impianti progettati per bruciare rifiuti solidi urbani. Nonostante siano dotati di filtri avanzati e sistemi di abbattimento delle emissioni, rilasciano nell'atmosfera sostanze pericolose come diossine, furani, ossidi di azoto (NOx), anidride solforosa (SO_2), monossido di carbonio (CO), metalli pesanti come mercurio, piombo e cadmio. Alcune di queste sostanze sono classificate come cancerogene o mutagene. Le diossine, in particolare, sono estremamente persistenti nell'ambiente e si accumulano nei tessuti animali e umani attraverso la catena alimentare.

Non meno pericolosi sono i composti organici volatili (COV), derivanti da solventi industriali, vernici, detergenti e carburanti, che evaporano a temperatura ambiente e contribuiscono alla formazione dell'ozono troposferico. L'ozono, sebbene utile negli strati alti dell'atmosfera per filtrare i raggi UV, diventa pericoloso quando si accumula a livello del suolo: è un potente irritante per le vie respiratorie, può causare infiammazioni polmonari e peggiorare patologie croniche come l'asma e la bronchite.

L'inquinamento atmosferico ha un impatto profondo sulla salute pubblica. L'Organizzazione Mondiale della Sanità (OMS) stima che ogni anno circa 7 milioni di persone nel mondo muoiano prematuramente a causa di esposizione a inquinanti dell'aria. Le malattie correlate vanno dalle infezioni respiratorie ai tumori polmonari, dalle malattie cardiovascolari agli ictus, fino a problematiche neurodegenerative e alterazioni dello sviluppo fetale. L'esposizione cronica a polveri sottili è stata associata anche a diabete, obesità e disturbi cognitivi. I soggetti più vulnerabili sono i bambini, gli anziani e le persone con patologie pregresse, ma nessuno ne è realmente immune.

A livello climatico, l'inquinamento atmosferico si intreccia con il riscaldamento globale. Il biossido di carbonio (CO_2) e il metano (CH_4), due tra i principali gas serra, sono emessi sia dai veicoli che dagli impianti di incenerimento. Il particolato nero, o black carbon, prodotto dalla combustione incompleta, è un potente agente di riscaldamento che contribuisce allo scioglimento dei ghiacciai e all'alterazione dei cicli climatici. Inoltre, le emissioni di ossidi di azoto e ammoniaca favoriscono la formazione di piogge acide, che danneggiano suoli, colture, foreste e ecosistemi acquatici.

Le città più colpite da inquinamento atmosferico spesso condividono alcune caratteristiche: alta densità abitativa, elevato traffico veicolare, scarsa ventilazione naturale, presenza di zone industriali e carenza di spazi verdi. In queste aree, si sviluppa il fenomeno dell'isola di calore urbana, in cui le temperature locali aumentano anche di diversi gradi rispetto alle campagne circostanti, peggiorando la qualità dell'aria e aumentando la mortalità durante le ondate di calore.

L'approccio tradizionale che ha cercato di "risolvere" il problema dei rifiuti bruciandoli, si è rivelato, nel lungo periodo, un **paradosso ecologico**: se da un lato riduce il volume dei rifiuti solidi, dall'altro **li trasforma in sostanze ancora più disperse e pericolose**, rendendo difficile il controllo del loro impatto ambientale. Inoltre, incentiva la produzione di rifiuti, perché il funzionamento degli inceneritori richiede un apporto costante di materiali combustibili: più si consuma e si spreca, più il sistema può alimentarsi.

Posso continuare con approfondimenti su come l'inquinamento atmosferico incida su agricoltura, biodiversità, infrastrutture o sul ruolo delle normative europee e delle alternative agli inceneritori. Fammi sapere come vuoi proseguire.

L'inquinamento atmosferico non si limita a essere una minaccia per la salute umana, ma incide profondamente anche sugli ecosistemi naturali e agricoli. Le particelle inquinanti, trasportate dal vento per centinaia o migliaia di chilometri, possono depositarsi su terreni coltivati, foreste, laghi e fiumi, alterandone l'equilibrio chimico e biologico. Il particolato fine, insieme a metalli pesanti e composti acidi, può ricadere sui campi sotto forma di deposizione secca o pioggia acida, modificando il pH del suolo e rendendolo inadatto alla crescita di molte piante. Questo fenomeno danneggia la microfauna del terreno, impoverisce la biodiversità agricola e forestale, e riduce la resa dei raccolti. In particolare, coltivazioni come vite, frumento e ortaggi sono sensibili alla qualità dell'aria, sia per motivi fisiologici sia perché tendono ad assorbire e accumulare contaminanti nei frutti e nelle foglie, entrando così nella catena alimentare.

Anche la fotosintesi viene compromessa quando i livelli di ozono troposferico aumentano. L'ozono, infatti, interferisce con il metabolismo delle piante, riducendo la loro capacità di assorbire anidride carbonica e di crescere in modo sano. Le foglie si indeboliscono, diventano più vulnerabili a parassiti e malattie, e si riduce la produzione di fiori e frutti. Questo ha un impatto diretto sulla produzione agricola, ma anche sull'equilibrio delle foreste naturali, che perdono il loro ruolo di "polmoni verdi" in grado di sequestrare CO_2 dall'atmosfera. Gli ecosistemi fluviali e lacustri non sono esenti: le piogge acide alterano il pH delle acque, mettendo in pericolo la vita di pesci, anfibi e invertebrati acquatici, che costituiscono le basi della catena alimentare.

Un'altra dimensione spesso trascurata dell'inquinamento atmosferico è quella legata ai materiali da costruzione e alle infrastrutture. Le sostanze acide presenti nell'aria reagiscono con calcestruzzo, marmo, metalli e vernici, accelerando i processi di corrosione e degrado. Questo comporta un'accelerazione dell'invecchiamento degli edifici, una perdita economica importante per i privati e per lo Stato, oltre che la deturpazione del patrimonio artistico e architettonico. Monumenti storici, statue e cattedrali, esposti per secoli all'atmosfera, oggi si sgretolano lentamente sotto l'azione combinata di zolfo, azoto e umidità. In città particolarmente esposte come Milano, Napoli, Roma, ma anche Torino, Firenze e Venezia, si osservano già da decenni effetti visibili di annerimento e erosione delle superfici in pietra.

Dal punto di vista economico, l'impatto dell'inquinamento atmosferico è enorme. I costi sanitari diretti — ricoveri ospedalieri, farmaci, trattamenti — si sommano ai costi indiretti come l'assenteismo dal lavoro, la riduzione della produttività, il calo del turismo e la perdita di qualità della vita. Le analisi dell'Agenzia Europea per l'Ambiente (EEA) stimano che, solo in Europa, l'inquinamento dell'aria costi centinaia di miliardi di euro ogni anno. L'esposizione continua a livelli elevati di $PM_{2.5}$ e di biossido di azoto (NO_2) può far aumentare la probabilità di infarti, ictus, malattie neurodegenerative e malattie respiratorie croniche, non solo tra gli anziani ma anche nei bambini, i cui polmoni sono ancora in fase di sviluppo. Diversi studi indicano un collegamento tra esposizione all'inquinamento atmosferico durante la gravidanza e nascite pretermine, basso peso alla nascita, e persino disturbi dello sviluppo cognitivo e comportamentale nei bambini.

I cambiamenti climatici e l'inquinamento atmosferico sono strettamente connessi e si alimentano a vicenda. I periodi di siccità prolungata, gli incendi boschivi e le ondate di calore aggravano l'inquinamento urbano, creando una sorta di "tappo" atmosferico che impedisce il ricambio d'aria e intrappola le sostanze nocive nei bassi strati. Durante le estati sempre più calde, le concentrazioni di ozono nei centri abitati salgono vertiginosamente, rendendo l'aria irrespirabile per chi soffre di patologie respiratorie. In inverno, invece, la combinazione di traffico, riscaldamenti a biomassa e condizioni meteorologiche stagnanti provoca un accumulo di PM e ossidi di azoto, con picchi che superano di gran lunga i limiti di sicurezza imposti dall'Unione Europea.

In questo contesto, gli inceneritori, pur considerati da alcuni una soluzione efficiente per lo smaltimento dei rifiuti, rappresentano in realtà un'ulteriore fonte di pressione ambientale. La combustione di materiali plastici, tessili, gomma e rifiuti non differenziati produce emissioni che, anche se parzialmente filtrate, contribuiscono all'inquinamento dell'aria locale e globale. Alcune comunità situate nei pressi degli inceneritori hanno registrato tassi più alti di malattie respiratorie e tumori, in particolare nelle aree dove il monitoraggio è carente e i controlli sono stati storicamente più permissivi. Inoltre, gli inceneritori possono scoraggiare politiche più virtuose come la raccolta differenziata, il riciclo e la riduzione alla fonte dei rifiuti, poiché per funzionare in modo continuo e redditizio necessitano di un flusso costante di materiali da bruciare.

Posso continuare con ulteriori approfondimenti su: effetti sugli animali, inquinamento indoor, tecnologie alternative, biomonitoraggio, normative internazionali e giustizia ambientale. Vuoi proseguire?

L'inquinamento atmosferico ha effetti anche su scala globale, influenzando i modelli meteorologici e alterando gli equilibri atmosferici planetari. Alcune particelle, come il black carbon e il metano, agiscono come potenti acceleratori del cambiamento climatico, contribuendo al riscaldamento globale in misura maggiore rispetto alla stessa CO_2 su tempi brevi. Il black carbon, in particolare, è una forma di carbonio puro che si forma in seguito alla combustione incompleta di combustibili fossili, biomassa e rifiuti. Quando queste particelle si depositano su superfici innevate o ghiacciate, ne riducono l'albedo, cioè la capacità di riflettere la luce solare. Questo porta a un maggiore assorbimento di calore, accelerando lo scioglimento dei ghiacci nelle regioni polari e montane, e contribuendo all'innalzamento del livello dei mari.

Parallelamente, le sostanze emesse nell'atmosfera possono interagire con il ciclo dell'acqua e alterare la formazione delle nuvole. Alcuni aerosol agiscono da nuclei di condensazione, influenzando la dimensione delle gocce d'acqua e modificando la durata e la distribuzione delle precipitazioni. Questo ha conseguenze sulle colture agricole, sulla disponibilità idrica e sulla frequenza di eventi estremi come siccità, alluvioni e grandinate. Nelle aree densamente urbanizzate, i cosiddetti "domi di calore" amplificano questi fenomeni, intrappolando il calore e incrementando la formazione di ozono e smog fotochimico.

Un aspetto cruciale da considerare è l'inquinamento dell'aria negli ambienti interni, spesso sottovalutato rispetto a quello esterno. Gli inceneritori, pur essendo collocati lontano dalle abitazioni, contribuiscono alla contaminazione diffusa che penetra anche all'interno degli edifici. Le polveri sottili possono infatti infiltrarsi attraverso infissi non ermetici, impianti di ventilazione, o rientrare negli spazi domestici tramite il riscaldamento dell'aria esterna. A questo si sommano le fonti indoor, come l'uso di detersivi chimici, materiali da costruzione contenenti formaldeide, fumo di sigaretta, stufe a pellet, incensi e candele profumate, che peggiorano ulteriormente la qualità dell'aria che respiriamo nelle nostre case e uffici.

Anche gli animali, selvatici e domestici, risentono degli effetti dell'inquinamento atmosferico. Alcuni studi hanno documentato anomalie genetiche, riduzione della fertilità, alterazioni comportamentali e maggiore vulnerabilità alle infezioni nei pesci, negli uccelli e nei mammiferi esposti ad ambienti contaminati da sostanze volatili e particolato. Gli uccelli urbani, ad esempio, respirano aria carica di metalli pesanti e ossidi di azoto, che compromettono la loro capacità di orientarsi e di comunicare, alterando i loro richiami e la riproduzione. I mammiferi, soprattutto quelli che vivono vicino a zone industriali o inceneritori, possono presentare lesioni ai polmoni simili a quelle osservate negli esseri umani, con un'incidenza maggiore di tumori e problemi cardiaci. Anche gli impollinatori, come api e farfalle, sono colpiti dalla contaminazione dell'aria: alcune molecole aromatiche presenti nei fiori vengono degradate dagli ossidi di azoto, rendendo più difficile per questi insetti localizzare il nettare e svolgere il loro ruolo ecologico.

Non si può ignorare la dimensione sociale e politica dell'inquinamento atmosferico. Le comunità più povere e marginalizzate sono spesso le più colpite, poiché vivono in prossimità di grandi assi stradali, impianti industriali, discariche o inceneritori. Queste zone, conosciute come "sacrificial zones" o "zone di sacrificio ambientale", concentrano un carico inquinante sproporzionato rispetto ad altre aree, perpetuando disuguaglianze sanitarie e ambientali. La giustizia ambientale è un tema centrale nelle politiche moderne, in quanto implica che tutte le persone, indipendentemente dalla loro classe sociale, origine etnica o capacità economica, abbiano diritto a respirare aria pulita e vivere in un ambiente salubre. Tuttavia, nella realtà dei fatti, molte famiglie a basso reddito non hanno le risorse per trasferirsi altrove o per dotarsi di tecnologie di purificazione dell'aria, e subiscono quindi quotidianamente gli effetti di politiche ambientali inefficienti o inique.

Anche la scienza e la ricerca hanno subito un'evoluzione negli ultimi decenni in merito all'inquinamento atmosferico. Le tecnologie di monitoraggio sono diventate sempre più precise, grazie all'uso di droni, satelliti, reti di sensori e algoritmi predittivi. Oggi è possibile mappare la qualità dell'aria in tempo reale, individuare le fonti principali di emissioni e simulare scenari futuri in base a diverse politiche ambientali. Questo ha permesso lo sviluppo del biomonitoraggio, una tecnica che utilizza organismi viventi, come licheni, muschi e alberi, per valutare il grado di inquinamento atmosferico in un'area. I dati raccolti non solo servono per la ricerca accademica, ma vengono sempre più spesso utilizzati come prove nei processi legali intentati da cittadini e associazioni contro enti o aziende responsabili di inquinamento.

Parallelamente, sono nate reti di cittadini-scienziati, ovvero persone comuni che contribuiscono al monitoraggio dell'aria utilizzando sensori portatili e condividendo i dati online. Questo fenomeno ha aumentato la consapevolezza pubblica sul problema dell'inquinamento atmosferico e ha creato pressione verso amministrazioni locali e governi affinché adottino politiche più rigorose. I movimenti giovanili e ambientalisti hanno avuto un ruolo decisivo in questo, portando in piazza milioni di persone in tutto il mondo, chiedendo la chiusura degli inceneritori, la riconversione ecologica delle città e la giustizia climatica.

La risposta normativa, tuttavia, non è uniforme a livello globale. Mentre l'Unione Europea ha introdotto limiti sempre più stringenti per le emissioni industriali e ha sostenuto la transizione verso energie rinnovabili, altri Paesi continuano a investire in combustibili fossili e a costruire nuovi impianti di incenerimento, spesso in assenza di adeguati controlli ambientali. In alcune nazioni, la pressione delle lobby dell'energia e dei rifiuti ostacola l'adozione di tecnologie più pulite, mentre i dati sugli effetti sanitari dell'inquinamento vengono sottostimati o ignorati. Questo crea uno squilibrio anche nella cooperazione internazionale, rendendo più difficile raggiungere gli obiettivi previsti dagli accordi sul clima, come l'Accordo di Parigi.

Posso proseguire esplorando altri aspetti come: soluzioni tecnologiche emergenti, impatto dell'inquinamento sull'istruzione e la produttività, oppure focus su casi studio di città che hanno ridotto drasticamente le emissioni. Vuoi che continui?

L'inquinamento atmosferico rappresenta una delle sfide più complesse e pervasive dell'epoca moderna, perché coinvolge contemporaneamente dimensioni ambientali, sanitarie, economiche, sociali e politiche. Le emissioni nocive derivanti da attività umane — in particolare dai trasporti, dalle industrie e dagli inceneritori — alterano profondamente la composizione dell'atmosfera, contribuendo al riscaldamento globale, all'acidificazione degli ecosistemi, alla perdita di biodiversità e all'incremento di patologie croniche negli esseri umani.

A livello sanitario, le conseguenze dell'aria inquinata sono ormai documentate da migliaia di studi epidemiologici. Le patologie più direttamente associate includono malattie respiratorie croniche come bronchite e asma, patologie cardiovascolari, ictus, infarti e, nei casi più gravi, tumori ai polmoni. Bambini, anziani e soggetti immunodepressi sono i più vulnerabili, ma l'inquinamento colpisce trasversalmente tutta la popolazione. Si stima che ogni anno, solo in Europa, muoiano prematuramente centinaia di migliaia di persone a causa dell'esposizione a particolato fine ($PM_{2.5}$), ossidi di azoto e ozono troposferico. L'inquinamento atmosferico è considerato dall'Organizzazione Mondiale della Sanità uno dei principali killer ambientali, al pari della fame o dell'acqua contaminata.

Dal punto di vista climatico, le emissioni prodotte da inceneritori e traffico veicolare contribuiscono all'aumento dei gas serra, aggravando il cambiamento climatico e le sue manifestazioni più drammatiche: eventi meteorologici estremi, innalzamento del livello del mare, desertificazione e migrazioni forzate. Le polveri nere (black carbon), per esempio, accelerano lo scioglimento dei ghiacciai, mentre il metano e il protossido di azoto hanno un potere climalterante decine o centinaia di volte superiore alla CO_2. Questi fenomeni, se non contrastati, rischiano di innescare effetti a catena irreversibili, come il collasso di interi ecosistemi e la perdita di servizi ambientali fondamentali per la sopravvivenza umana.

Gli inceneritori, in particolare, sollevano molte preoccupazioni. Sebbene siano spesso presentati come soluzioni moderne per la gestione dei rifiuti, essi rappresentano in realtà un serio problema ambientale e sanitario. Oltre a emettere gas serra e polveri sottili, rilasciano anche diossine, furani, metalli pesanti e composti organici volatili altamente tossici. Anche se i moderni sistemi di filtraggio sono più avanzati rispetto al passato, nessuna tecnologia è in grado di garantire emissioni zero. Inoltre, le ceneri prodotte dalla combustione devono essere smaltite in discariche speciali, creando un ulteriore carico ambientale. Va anche sottolineato che la presenza di inceneritori riduce l'incentivo alla riduzione dei rifiuti e al riciclo, poiché l'impianto per essere economicamente sostenibile necessita di un flusso costante di materiali da bruciare.

Le diseguaglianze ambientali sono un'altra faccia cruciale del problema. In tutto il mondo, le comunità più povere e meno rappresentate vivono in prossimità di fonti inquinanti come discariche, inceneritori o assi autostradali. Queste popolazioni subiscono un'esposizione cronica all'inquinamento e, al contempo, hanno meno accesso a cure sanitarie, informazione e strumenti legali per difendere i propri diritti. È quindi fondamentale che le politiche ambientali siano guidate da principi di giustizia climatica, che prevedano una ridistribuzione del rischio e la partecipazione attiva dei cittadini ai processi decisionali.

Dal punto di vista tecnologico, le soluzioni esistono: il passaggio a fonti di energia rinnovabile (solare, eolica, idroelettrica), l'elettrificazione del trasporto pubblico, la creazione di zone a traffico limitato, l'aumento del verde urbano, l'uso di materiali edili a basse emissioni, il potenziamento del trasporto ferroviario rispetto a quello su gomma, e l'adozione di sistemi di economia circolare nella gestione dei rifiuti sono tutte azioni concrete in grado di ridurre in modo significativo l'inquinamento atmosferico. Tuttavia, per essere efficaci, queste misure richiedono volontà politica, investimenti mirati, educazione ambientale capillare e, soprattutto, la consapevolezza collettiva che il diritto a respirare aria pulita è un diritto fondamentale.

In conclusione, affrontare l'inquinamento atmosferico non significa soltanto migliorare la qualità dell'aria, ma anche tutelare la salute pubblica, difendere gli ecosistemi, promuovere l'equità sociale e contribuire alla lotta globale contro il cambiamento climatico. È una responsabilità che coinvolge tutti: cittadini, governi, imprese, scuole, scienziati. Ogni respiro che facciamo ci ricorda che l'aria è un bene comune e insostituibile, e che proteggerla è un imperativo morale prima ancora che ambientale.

5. Il Giro del Rifiuto: Dalla spazzatura al pianeta intero Come i rifiuti viaggiano: fiumi, vento, commercio illegale. Impatti globali.

Il viaggio dei rifiuti attraverso il pianeta è un fenomeno complesso e multiforme, che coinvolge molteplici vie di trasporto naturali e artificiali, capaci di diffondere l'inquinamento da un angolo all'altro del globo in modi spesso poco visibili ma estremamente efficaci. Tra queste vie, i fiumi rappresentano uno dei canali più importanti: essi raccolgono rifiuti provenienti da aree urbane, industriali e agricole, fungendo da veri e propri corridoi che trasportano materiali inquinanti verso i mari e gli oceani. Nei paesi con infrastrutture insufficienti o con sistemi di raccolta rifiuti carenti, è molto comune trovare fiumi intasati di plastica, microplastiche, sostanze chimiche e rifiuti organici, che vengono poi trasportati a valle, aggravando il problema dell'inquinamento marino.

Il vento, soprattutto nelle sue forme più violente come tempeste di sabbia, uragani e tornado, è un altro vettore naturale che può spostare grandi quantità di particelle inquinanti, polveri sottili e piccoli rifiuti plastici anche a migliaia di chilometri di distanza dalla loro origine. Questo fenomeno determina la diffusione globale di microplastiche, che si ritrovano addirittura nei ghiacciai dell'Artico e dell'Antartide, e di altre sostanze tossiche, come metalli pesanti e composti organici persistenti. La dispersione aerea dei rifiuti contribuisce inoltre all'inquinamento atmosferico e al deposito di sostanze nocive su suoli, piante e corsi d'acqua, ampliando il loro impatto.

A livello umano, il commercio illegale di rifiuti costituisce un capitolo oscuro e pericoloso del ciclo dei rifiuti. Nonostante le normative internazionali, come la Convenzione di Basilea, che regolano il trasporto e lo smaltimento transfrontaliero dei rifiuti per prevenire il dumping in paesi in via di sviluppo, il traffico illecito di rifiuti continua a prosperare. Organizzazioni criminali e imprese senza scrupoli approfittano delle lacune normative, della corruzione e della scarsa capacità di controllo in alcune aree per esportare materiali tossici e rifiuti elettronici verso nazioni dove lo smaltimento avviene senza adeguate precauzioni ambientali e sanitarie. Questi rifiuti finiscono spesso in discariche abusive o vengono bruciati a cielo aperto, causando gravi danni a ecosistemi e popolazioni locali.

L'effetto domino di questo viaggio planetario dei rifiuti si riflette in un impatto globale che travalica i confini nazionali e continentali. Gli ecosistemi marini, ad esempio, sono gravemente minacciati dalla plastica trasportata da fiumi e correnti oceaniche, che accumula detriti in aree remote, come le cosiddette "isole di plastica". Questi agglomerati di rifiuti alterano gli habitat naturali, minacciano la vita di specie marine e influenzano negativamente le attività economiche basate sulla pesca e sul turismo. Parallelamente, il trasporto atmosferico di polveri e sostanze chimiche inquinanti altera la qualità dell'aria e dei suoli in regioni anche molto lontane dalle fonti originali, contribuendo a fenomeni come l'acidificazione delle foreste e la contaminazione delle acque dolci.

Inoltre, la globalizzazione dei mercati ha reso il ciclo dei rifiuti un fenomeno sempre più internazionale, dove materiali prodotti in un paese possono essere trasformati, utilizzati o smaltiti in un altro, spesso a migliaia di chilometri di distanza. Questa dinamica rende più difficile tracciare e gestire i rifiuti, soprattutto quando mancano trasparenza e responsabilità nelle catene di fornitura. La crescente domanda di materie prime secondarie e la scarsità di risorse naturali spingono molte industrie a ricorrere al riciclo internazionale, che, se gestito correttamente, può essere un'opportunità di economia circolare, ma che se non controllato può alimentare il traffico illecito e la contaminazione ambientale.

La complessità del giro del rifiuto impone la necessità di una collaborazione globale per affrontare il problema in modo coordinato ed efficace. Ciò include non solo l'applicazione rigorosa delle leggi internazionali e nazionali, ma anche l'adozione di tecnologie avanzate per il monitoraggio e la tracciabilità dei materiali, programmi di sensibilizzazione pubblica, investimenti in infrastrutture di raccolta e riciclo, e un ripensamento profondo dei modelli di produzione e consumo che attualmente alimentano la crescita esponenziale dei rifiuti. Solo un approccio integrato e multilivello potrà fermare il flusso incontrollato di rifiuti che minaccia la salute del pianeta e delle future generazioni.

Posso continuare ad approfondire con esempi di casi studio, analisi delle rotte di traffico illegale, o l'impatto specifico sulle comunità indigene e sugli habitat più vulnerabili?

Il viaggio globale dei rifiuti è spesso caratterizzato da una complessa interazione tra processi naturali e attività umane, che amplificano la dispersione e la contaminazione di materiali pericolosi in luoghi lontanissimi dalla loro origine. Prendendo in considerazione i corsi d'acqua, è importante sottolineare come i bacini fluviali svolgano una funzione cruciale nel raccogliere non solo i rifiuti solidi, ma anche le sostanze chimiche disciolte, come pesticidi, metalli pesanti e idrocarburi, che si accumulano dalle attività agricole, industriali e urbane lungo il percorso. Questi contaminanti vengono poi trasportati attraverso un sistema ramificato di affluenti e fiumi maggiori, fino a raggiungere le zone costiere, dove si riversano nei mari. Il fenomeno è particolarmente evidente nei grandi fiumi dell'Asia e dell'Africa, dove la pressione demografica e la mancanza di infrastrutture adeguate portano a un rilascio incontrollato di rifiuti e sostanze inquinanti.

Parallelamente, l'azione del vento contribuisce alla dispersione aerea di microplastiche, polveri sottili e altre particelle inquinanti. Questi elementi possono essere sollevati dalle superfici contaminate, come discariche a cielo aperto, terreni aridi o superfici urbane, e trasportati per centinaia o migliaia di chilometri prima di depositarsi in ambienti naturali o urbani distanti. Il deposito atmosferico di inquinanti ha un impatto su ecosistemi sensibili, come le foreste pluviali, le zone montane e le aree polari, spesso colpendo specie animali e vegetali che non hanno alcuna esposizione diretta alle fonti di inquinamento originarie. Questo trasferimento di sostanze tossiche attraverso l'aria crea un effetto globale di contaminazione che sfida le tradizionali barriere geografiche e politiche.

Il commercio illegale di rifiuti, spesso chiamato anche "traffico di rifiuti", è una delle cause principali dell'inquinamento transnazionale. Questa pratica coinvolge non solo la plastica, ma anche rifiuti elettronici (e-waste), pneumatici usati, rifiuti pericolosi e residui industriali. Gli attori di questo mercato sommerso utilizzano rotte nascoste, porti poco controllati e paesi con normative ambientali meno rigorose per scaricare materiali destinati a essere smaltiti in modo irresponsabile. Le conseguenze per le comunità locali sono devastanti: contaminazione di suoli e acque, malattie respiratorie e dermatologiche, perdita di risorse naturali e degrado del tessuto sociale ed economico. Molti di questi paesi non dispongono delle tecnologie né delle risorse finanziarie per una gestione sicura e sostenibile dei rifiuti ricevuti, creando così un ciclo di degrado ambientale e povertà.

Un altro aspetto rilevante è il ruolo delle correnti marine, che diffondono i rifiuti plastici attraverso vaste aree oceaniche. Le correnti superficiali e profonde possono trasportare microplastiche e frammenti più grandi su distanze enormi, accumulandoli in zone chiamate "gyre" o vortici di accumulo, che agiscono come giganteschi contenitori naturali per detriti. In queste aree, l'alta concentrazione di rifiuti plastici genera effetti sinergici di degrado ambientale, interferendo con i cicli biologici marini e alterando le catene alimentari. Gli organismi marini possono ingerire plastica o rimanere intrappolati, con conseguenze fatali, mentre sostanze chimiche tossiche adsorbite dalla plastica entrano nel tessuto biologico, causando effetti tossicologici che possono risalire fino all'uomo attraverso il consumo di prodotti ittici.

La natura globale del problema rende la sua soluzione particolarmente complessa, poiché richiede una cooperazione internazionale forte e coordinata. La gestione dei rifiuti non può più essere considerata una questione locale o nazionale, ma un impegno condiviso che coinvolge accordi multilaterali, scambi di informazioni, tecnologia e finanziamenti. Le iniziative globali, come il Programma delle Nazioni Unite per l'Ambiente (UNEP) e le conferenze internazionali sull'ambiente, hanno messo in evidenza la necessità di strategie integrate per affrontare la produzione e la dispersione dei rifiuti, ma la loro attuazione pratica è spesso rallentata da interessi economici contrastanti e da sfide politiche.

In parallelo, le azioni a livello locale e regionale sono fondamentali per interrompere la catena del viaggio dei rifiuti. Sistemi efficaci di raccolta differenziata, incentivi per la riduzione dell'uso della plastica, promozione di prodotti biodegradabili e l'educazione ambientale possono ridurre drasticamente la quantità di rifiuti che entrano nei cicli naturali di dispersione. L'innovazione tecnologica gioca un ruolo importante, con lo sviluppo di materiali compostabili, nuovi metodi di riciclo avanzato e sistemi di tracciamento digitali per garantire la trasparenza nella gestione dei rifiuti.

Posso continuare ad approfondire con esempi specifici di regioni particolarmente colpite, oppure con i più recenti studi scientifici sulle rotte di dispersione dei microinquinanti?

Il percorso dei rifiuti attraverso il pianeta non si limita a un singolo mezzo di trasporto, ma si svolge in un intreccio dinamico di fenomeni naturali e attività antropiche che interagiscono tra loro in modi complessi e spesso imprevedibili. Ad esempio, i rifiuti plastici di grandi dimensioni, come reti da pesca abbandonate o sacchetti, possono inizialmente essere trasportati dai fiumi fino al mare, ma una volta nell'ambiente marino subiscono l'azione del sole e del moto ondoso che ne provocano la frammentazione in microplastiche. Queste ultime, a loro volta, possono essere sollevate da correnti oceaniche o addirittura dall'aria, viaggiando su lunghe distanze prima di depositarsi in zone remote, dove entrano nelle catene alimentari di specie marine e terrestri. Questo ciclo continuo e interconnesso mostra come un singolo rifiuto possa contribuire a inquinare molti ecosistemi diversi.

Un altro elemento fondamentale è l'impatto del traffico illecito di rifiuti sulla gestione sostenibile del problema. Spesso, i rifiuti che viaggiano illegalmente non sono solo materiali di scarto inerti, ma contengono sostanze altamente tossiche o materiali pericolosi che richiedono trattamenti specifici e costosi. Quando questi materiali finiscono in paesi con legislazioni ambientali deboli o inesistenti, vengono spesso smaltiti in modo improprio, ad esempio tramite incendi dolosi o discariche abusive, generando fumi tossici, infiltrazioni nel terreno e contaminazione delle falde acquifere. Il problema è ulteriormente aggravato dal fatto che queste pratiche sono difficili da monitorare e punire, poiché spesso coinvolgono reti criminali transnazionali che si avvalgono di corruzione e opacità burocratica.

Il contributo dei venti nella diffusione globale dei rifiuti è molto più significativo di quanto si possa immaginare. Polveri sottili, fibre sintetiche rilasciate da tessuti, particelle di gomma provenienti da pneumatici usurati e altre microplastiche possono essere sollevate nell'atmosfera e trasportate su distanze immense, arrivando persino a contaminare le aree montane più alte e le regioni polari. Questo fenomeno non solo amplia la portata geografica dell'inquinamento, ma espone a sostanze tossiche anche comunità e ecosistemi che non hanno mai prodotto o gestito direttamente quei rifiuti. Ciò pone sfide enormi per le politiche ambientali, che devono tenere conto di queste dispersioni atmosferiche nella definizione di standard di qualità dell'aria e normative sulle emissioni.

La globalizzazione dei mercati ha inoltre facilitato la circolazione di rifiuti legali e illegali tra paesi, creando un sistema di scambi che spesso manca di trasparenza e controllo. Alcuni paesi, in particolare in Asia, hanno fino a poco tempo fa ricevuto grandi quantità di rifiuti plastici provenienti da Europa e Nord America, con la promessa di riciclarli. Tuttavia, la capacità tecnologica e le infrastrutture inadeguate hanno fatto sì che buona parte di questi rifiuti finisse in discariche abusive o bruciata, con gravi conseguenze ambientali e sanitarie. Recentemente, con la maggiore consapevolezza globale e nuove regolamentazioni, molti di questi flussi sono stati limitati, ma ciò ha spostato la pressione su altre regioni e ha evidenziato la necessità di ridurre drasticamente la produzione di rifiuti alla fonte.

Dal punto di vista scientifico, studi recenti utilizzano tecnologie satellitari, droni e modelli di simulazione per tracciare la dispersione dei rifiuti e capire meglio le rotte di contaminazione globale. Questi dati sono fondamentali per identificare i punti critici di accumulo, stimare gli impatti sugli ecosistemi e pianificare interventi di bonifica. Inoltre, la ricerca si concentra sullo studio degli effetti tossicologici delle microplastiche e delle sostanze chimiche che trasportano, evidenziando rischi crescenti per la biodiversità marina e per la salute umana attraverso la catena alimentare.

In parallelo, l'azione delle comunità locali, dei governi e delle organizzazioni non governative gioca un ruolo fondamentale nel contrastare il fenomeno. Campagne di pulizia delle spiagge, programmi di educazione ambientale e progetti di economia circolare contribuiscono a limitare la quantità di rifiuti dispersi e a sensibilizzare l'opinione pubblica sull'importanza di una gestione responsabile dei rifiuti. La partecipazione attiva dei cittadini, unita a politiche efficaci e a innovazioni tecnologiche, rappresenta una delle chiavi per invertire la rotta e ridurre l'impatto globale del ciclo dei rifiuti.

Posso continuare con approfondimenti sui principali attori del traffico illegale, o sugli effetti specifici di alcune tipologie di rifiuti che viaggiano sul pianeta?

Il viaggio globale dei rifiuti si intreccia con dinamiche sociali, economiche e politiche che spesso aggravano il problema invece di risolverlo. Ad esempio, in molti paesi in via di sviluppo, la carenza di sistemi efficaci di gestione dei rifiuti è causata da mancanza di risorse finanziarie, infrastrutture obsolete o inesistenti, e una normativa ambientale poco rigorosa o scarsamente applicata. Questo crea un terreno fertile per l'aumento del traffico illecito di rifiuti, dove operatori senza scrupoli sfruttano queste lacune per esportare materiali pericolosi o non riciclabili a costi molto bassi, lasciando dietro di sé una scia di degrado ambientale e sociale. Le comunità locali, spesso ignare dei rischi, si trovano ad affrontare conseguenze come contaminazione delle acque potabili, problemi respiratori e aumento delle malattie legate all'inquinamento.

Parallelamente, il fenomeno delle discariche abusive si lega strettamente a questo commercio illecito. Spesso, i rifiuti trasportati illegalmente finiscono in aree non autorizzate, lontane dagli occhi delle autorità, dove vengono abbandonati o smaltiti senza alcun controllo. Queste discariche, oltre a rilasciare sostanze tossiche nel terreno e nelle falde acquifere, diventano spesso fonte di incendi dolosi che liberano nell'aria fumi velenosi e di difficile gestione. Il problema è aggravato dal fatto che tali discariche illegali sono spesso localizzate vicino a centri abitati o aree agricole, esponendo direttamente le persone e le colture a rischi elevati.

Le correnti marine e i venti contribuiscono a diffondere i rifiuti anche in aree protette e ecosistemi fragili, come parchi marini, riserve naturali e habitat di specie in via di estinzione. Questo compromette la biodiversità e altera l'equilibrio ecologico di questi ambienti, riducendo la capacità di rigenerazione naturale e aumentando la vulnerabilità agli effetti dei cambiamenti climatici. Ad esempio, le microplastiche sono state trovate nelle acque artiche, nelle profondità oceaniche e persino nei ghiacciai, confermando che nessun luogo sulla Terra è ormai esente dall'inquinamento da rifiuti.

Dal punto di vista legislativo, la gestione globale dei rifiuti richiede accordi internazionali che superino le barriere nazionali, ma la loro applicazione è complicata da interessi economici divergenti e da un enforcement spesso debole. Convenzioni come quella di Basilea mirano a regolamentare il movimento transfrontaliero di rifiuti pericolosi, ma restano sfide significative legate al monitoraggio, alla trasparenza e alle sanzioni. La cooperazione tra paesi, lo scambio di informazioni e le azioni congiunte sono essenziali per contrastare efficacemente i flussi illeciti.

Inoltre, l'evoluzione tecnologica può offrire soluzioni innovative per tracciare e gestire i rifiuti su scala globale. Sistemi di geolocalizzazione, blockchain per la tracciabilità dei materiali, intelligenza artificiale per il monitoraggio ambientale sono strumenti emergenti che possono migliorare la trasparenza e l'efficacia nella gestione dei rifiuti, riducendo il rischio di dispersione e traffici illeciti.

La sensibilizzazione dell'opinione pubblica a livello globale è un altro elemento cruciale. Campagne educative, movimenti ambientalisti e iniziative comunitarie contribuiscono a creare una coscienza collettiva sull'importanza di ridurre, riciclare e riutilizzare i materiali, promuovendo uno stile di vita più sostenibile che limiti la produzione di rifiuti. Questa pressione sociale può influenzare le politiche pubbliche e stimolare investimenti in tecnologie pulite e infrastrutture adeguate.

Il fenomeno del viaggio globale dei rifiuti è quindi un intreccio di cause e conseguenze, di azioni e omissioni, che richiede un approccio sistemico e multilivello per essere affrontato efficacemente. Ogni singolo passo, dall'individuo alle istituzioni internazionali, ha un ruolo da svolgere nella costruzione di un futuro in cui il ciclo dei rifiuti sia finalmente sotto controllo e l'ambiente terrestre e marino possa rigenerarsi e prosperare.

Se vuoi, posso proseguire con esempi concreti di traffici di rifiuti in alcune regioni specifiche, oppure con un approfondimento sulle tecnologie emergenti per il monitoraggio e la gestione globale dei rifiuti.

Il movimento globale dei rifiuti è influenzato anche dai cambiamenti socioeconomici e dai modelli di consumo che si sono evoluti rapidamente negli ultimi decenni. L'aumento della produzione di beni usa e getta, in particolare la diffusione di imballaggi monouso in plastica, ha incrementato enormemente la quantità di materiali destinati allo smaltimento. Questo ha creato un eccesso di rifiuti che supera spesso la capacità di gestione locale, spingendo i paesi a esportare il problema verso regioni meno attrezzate o con normative ambientali meno stringenti. Tale spostamento non solo posticipa la soluzione del problema, ma trasferisce anche il rischio ambientale e sanitario a popolazioni vulnerabili, spesso senza che queste abbiano voce in capitolo o strumenti adeguati per difendersi.

Le reti criminali che si occupano del traffico illecito di rifiuti sono particolarmente organizzate e sfruttano le vulnerabilità istituzionali di molti paesi. Queste organizzazioni adottano metodi sofisticati per mascherare il contenuto reale dei carichi, utilizzano società di comodo, falsificano documenti e sfruttano rotte marittime e terrestri poco sorvegliate. Il profitto generato da queste attività illecite è considerevole, alimentando un circolo vizioso in cui l'inquinamento ambientale diventa anche una fonte di guadagno illegale, con conseguenze sociali drammatiche come la corruzione, l'insicurezza e la perdita di fiducia nelle istituzioni.

L'interconnessione tra inquinamento da rifiuti e cambiamenti climatici è un aspetto che sta ricevendo crescente attenzione. La degradazione di rifiuti organici e plastici produce gas a effetto serra come metano e anidride carbonica, contribuendo all'aumento delle temperature globali. Inoltre, la presenza di rifiuti nelle acque e nei suoli compromette la capacità degli ecosistemi naturali di sequestrare carbonio, riducendo la resilienza del pianeta agli effetti dei cambiamenti climatici. La gestione sostenibile dei rifiuti diventa quindi non solo una questione ambientale immediata, ma anche una strategia fondamentale per la mitigazione climatica.

In ambito marino, il trasporto di rifiuti è ulteriormente complicato dalla natura dinamica degli oceani. Tempeste, variazioni stagionali delle correnti, fenomeni come El Niño e La Niña influenzano la distribuzione e l'accumulo di detriti marini, rendendo difficile prevedere e contenere le aree di maggiore concentrazione di rifiuti. Questo comporta la necessità di monitoraggi continui e flessibili, capaci di adattarsi rapidamente ai cambiamenti ambientali e di fornire dati aggiornati per interventi tempestivi di bonifica e prevenzione.

Le microplastiche, particolarmente insidiose, rappresentano una sfida enorme perché entrano nei tessuti degli organismi marini e terrestri, accumulandosi lungo la catena alimentare e raggiungendo anche gli esseri umani. Gli studi più recenti hanno dimostrato la presenza di microplastiche nel sangue umano e in diversi organi, sollevando interrogativi sulle possibili conseguenze a lungo termine per la salute. Inoltre, questi frammenti di plastica possono fungere da vettori per sostanze chimiche pericolose e microorganismi patogeni, amplificando i rischi associati all'inquinamento.

Parallelamente, alcune iniziative innovative stanno emergendo per contrastare la dispersione globale dei rifiuti. Progetti di "clean-up" oceanico, basati su tecnologie avanzate come droni marini, reti intelligenti e materiali biodegradabili, cercano di recuperare e rimuovere i detriti più grandi prima che si frammentino ulteriormente. A livello terrestre, si sviluppano sistemi integrati di raccolta e riciclo, che mirano a trasformare i rifiuti in risorse attraverso l'economia circolare, riducendo così la dipendenza da materie prime vergini e diminuendo la quantità di scarti dispersi nell'ambiente.

Infine, la consapevolezza crescente a livello globale sta spingendo governi, imprese e consumatori verso modelli di produzione e consumo più sostenibili. La diffusione di politiche plastic-free, l'adozione di normative più severe sui rifiuti e l'incentivazione di pratiche di riduzione alla fonte rappresentano passi importanti per interrompere il ciclo di dispersione dei rifiuti a livello planetario. Tuttavia, la complessità e la vastità del problema richiedono un impegno costante e coordinato, in cui ogni attore della società svolga un ruolo attivo nella tutela dell'ambiente e della salute pubblica.

Se vuoi, posso approfondire come i rifiuti influenzano specifiche catene alimentari marine o come la tecnologia può migliorare la tracciabilità dei rifiuti su scala globale.

Un altro aspetto rilevante nel viaggio globale dei rifiuti riguarda l'interazione con gli ecosistemi urbani e rurali, dove spesso il confine tra la gestione legale e quella illegale dei rifiuti si fa labile. Nei centri urbani, la crescente produzione di rifiuti solidi urbani, legati a consumi intensivi e stili di vita moderni, mette sotto pressione i sistemi di raccolta, riciclo e smaltimento. Quando questi sistemi non sono sufficientemente efficienti o capillari, una parte significativa dei rifiuti finisce per accumularsi illegalmente in discariche abusive o viene dispersa nell'ambiente, per poi essere trasportata da piogge e venti verso fiumi e mari. Questo crea un effetto domino che collega la gestione locale alla contaminazione globale, evidenziando come le problematiche ambientali siano strettamente interconnesse a tutti i livelli della società.

Nei contesti rurali, l'assenza di infrastrutture adeguate spinge spesso le comunità a ricorrere a metodi di smaltimento tradizionali o non regolamentati, come il rogo all'aperto o l'abbandono nei campi, con gravi conseguenze per il suolo e le acque sotterranee. Questi rifiuti possono essere costituiti da materiali pericolosi come pesticidi, fertilizzanti, residui agricoli misti a plastica e metalli pesanti, che contaminano l'ambiente circostante e compromettono la qualità degli alimenti prodotti localmente. L'inquinamento così generato non solo minaccia la salute umana, ma danneggia anche la biodiversità e la produttività agricola, con effetti a catena sull'economia locale e sulla sicurezza alimentare.

Un elemento spesso sottovalutato è il ruolo delle infrastrutture di trasporto nel facilitare o impedire la diffusione dei rifiuti. Le reti stradali, ferroviarie, portuali e aeroportuali possono diventare corridoi attraverso cui i rifiuti si spostano velocemente da un'area all'altra, sia legalmente che illegalmente. I controlli lungo queste vie sono fondamentali per intercettare i flussi illeciti, ma sono spesso insufficienti a causa di risorse limitate, mancanza di formazione specifica e collaborazione internazionale. Questo rende necessario sviluppare sistemi di monitoraggio più sofisticati, basati su tecnologie come scanner, sistemi RFID e intelligenza artificiale, per migliorare la sorveglianza e ridurre le perdite e i furti di materiali pericolosi.

L'aspetto culturale e comportamentale gioca un ruolo cruciale nel ciclo dei rifiuti. La consuetudine di abbandonare rifiuti in natura, la scarsa educazione ambientale e la mancanza di incentivi alla raccolta differenziata contribuiscono a incrementare la dispersione di materiali nell'ambiente. Le campagne di sensibilizzazione devono dunque essere accompagnate da azioni concrete e politiche che favoriscano cambiamenti duraturi nei comportamenti individuali e collettivi. L'educazione ambientale, fin dalla giovane età, può stimolare un senso di responsabilità verso la gestione sostenibile delle risorse e il rispetto per il territorio.

Il fenomeno della dispersione globale dei rifiuti si intreccia con problemi sociali come la povertà e la disuguaglianza, che spesso costringono alcune comunità a convivere con alti livelli di inquinamento causato da rifiuti tossici e pericolosi. Queste popolazioni sono generalmente le meno protette e le più esposte ai rischi per la salute, creando una situazione di ingiustizia ambientale che richiede interventi mirati e politiche di equità sociale. La giustizia ambientale, in questo senso, rappresenta un obiettivo fondamentale per garantire che tutti abbiano diritto a vivere in un ambiente sano e sicuro.

Inoltre, l'influenza dei cambiamenti climatici sulle dinamiche di dispersione dei rifiuti non può essere trascurata. Fenomeni meteorologici estremi, come alluvioni, uragani e tempeste, possono mobilitare grandi quantità di rifiuti abbandonati, trasportandoli su vaste aree e in ambienti altrimenti non contaminati. Questo rende ancora più urgente la necessità di una gestione integrata e preventiva dei rifiuti, che tenga conto anche dei rischi derivanti dagli eventi climatici estremi.

Infine, la ricerca scientifica e tecnologica continua a fornire nuove conoscenze e strumenti per comprendere meglio il ciclo globale dei rifiuti e sviluppare soluzioni innovative. Studi interdisciplinari che coinvolgono ecologi, chimici, ingegneri e sociologi stanno contribuendo a disegnare strategie più efficaci di prevenzione, raccolta, riciclo e bonifica, integrando aspetti ambientali, economici e sociali. La collaborazione tra scienza, politica e società civile è quindi fondamentale per affrontare la complessità del problema e costruire un futuro più sostenibile.

Se desideri, posso approfondire specifici casi di studio riguardanti città o regioni particolarmente colpite dal fenomeno o esaminare più a fondo le tecnologie emergenti per la gestione integrata dei rifiuti.

Il viaggio globale dei rifiuti rappresenta una delle sfide ambientali più complesse e urgenti del nostro tempo, perché coinvolge numerosi fattori interconnessi che spaziano dalla produzione e gestione locale fino agli effetti planetari sull'ambiente, la salute umana e gli ecosistemi. La dispersione dei materiali di scarto attraverso fiumi, correnti marine, venti atmosferici e rotte commerciali illegali dimostra come nessun territorio possa considerarsi isolato o immune dalle conseguenze della cattiva gestione dei rifiuti. Questo fenomeno globale richiede un approccio integrato e multilivello, che unisca la cooperazione internazionale, l'innovazione tecnologica, l'applicazione rigorosa delle normative e la responsabilizzazione di ogni singolo individuo.

Le infrastrutture di monitoraggio e controllo devono essere rafforzate e supportate da sistemi tecnologici avanzati, capaci di tracciare i flussi di rifiuti con precisione e rapidità, mentre le politiche pubbliche devono incentivare modelli di economia circolare e sostenibilità, che minimizzino la produzione di rifiuti e ne favoriscano il riciclo e il riutilizzo. Parallelamente, è fondamentale intervenire sulle cause socioeconomiche e culturali che alimentano il problema, promuovendo l'educazione ambientale, la giustizia sociale e una maggiore consapevolezza globale.

Solo attraverso un impegno collettivo e coordinato, che coinvolga governi, imprese, comunità locali, scienziati e cittadini, sarà possibile limitare il perimetro di dispersione dei rifiuti e mitigare gli effetti devastanti che questa contaminazione globale produce sull'equilibrio degli ecosistemi e sulla qualità della vita umana. Ogni azione, anche piccola, contribuisce a spezzare il ciclo di inquinamento, aprendo la strada a un futuro in cui la gestione responsabile dei rifiuti diventi una realtà condivisa, capace di preservare la salute del nostro pianeta per le generazioni a venire.

6. Rifiuti Invisibili: Microplastiche, PFAS e sostanze tossiche
Rifiuti che non vediamo ma respiriamo, mangiamo e assorbiamo ogni giorno.

I rifiuti invisibili rappresentano una delle minacce più subdole e pervasive per la salute umana e ambientale. A differenza dei rifiuti solidi che possiamo vedere, raccogliere e (in parte) gestire, questi inquinanti sono microscopici o chimicamente persistenti, e sfuggono ai nostri sensi, entrando nel corpo umano e negli ecosistemi in modo silenzioso ma costante. Le microplastiche, i PFAS (sostanze perfluoroalchiliche) e molte altre sostanze tossiche sono ormai onnipresenti: nell'aria che respiriamo, nell'acqua che beviamo, negli alimenti che consumiamo e persino nel sangue e nei tessuti umani.

Le **microplastiche**, frammenti inferiori ai 5 millimetri derivanti dalla degradazione di oggetti plastici più grandi o prodotte intenzionalmente per usi industriali e cosmetici, sono state trovate ovunque: nei mari, nei fiumi, nelle piogge, nei ghiacci artici, nelle nuvole, nei polmoni umani e nelle placente. Entrano nella catena alimentare quando vengono ingerite da organismi marini, risalendo fino ai nostri piatti. Le fonti principali sono l'usura degli pneumatici, i tessuti sintetici che rilasciano fibre durante il lavaggio, le vernici, i prodotti cosmetici, e la frammentazione di bottiglie, sacchetti, reti da pesca e altri rifiuti plastici dispersi nell'ambiente. Una volta entrate nel corpo umano, le microplastiche possono interagire con i tessuti, causare infiammazioni, veicolare metalli pesanti e interferenti endocrini, alterando i sistemi biologici.

I **PFAS**, noti anche come "sostanze chimiche eterne" per la loro resistenza alla degradazione naturale, sono stati largamente utilizzati per decenni in prodotti resistenti all'acqua, all'unto e al calore, come padelle antiaderenti, imballaggi per alimenti, schiume antincendio, abbigliamento tecnico e tappeti. Queste sostanze si accumulano nell'ambiente e negli esseri viventi, e sono state associate a una lunga lista di effetti negativi sulla salute, tra cui disfunzioni tiroidee, infertilità, tumori, malattie renali e del fegato, riduzione dell'efficacia dei vaccini e disturbi dello sviluppo nei bambini. Essendo presenti in prodotti di uso quotidiano e potendo contaminare le acque potabili, i PFAS si diffondono silenziosamente, colpendo anche popolazioni inconsapevoli.

Altri **inquinanti invisibili** comprendono metalli pesanti come mercurio, piombo e cadmio, che si accumulano nei tessuti animali e umani causando gravi danni neurologici e immunitari; solventi industriali e idrocarburi aromatici policiclici (PAH) rilasciati da combustioni incomplete; diossine e PCB generati da processi industriali o da incenerimento di rifiuti pericolosi. Queste sostanze, pur non essendo percepibili a occhio nudo o a livello sensoriale, agiscono a livello molecolare, bioaccumulandosi e biomagnificandosi lungo le catene trofiche, con impatti spesso irreversibili.

La complessità della gestione dei rifiuti invisibili risiede anche nella loro **mancanza di tracciabilità**. Non essendo sempre rilevabili con strumenti convenzionali, sfuggono ai sistemi di monitoraggio ambientale e sanitario. Inoltre, la legislazione ambientale, pur essendo in continua evoluzione, spesso fatica a tenere il passo con la scoperta di nuove sostanze inquinanti o con la comprensione dei loro effetti a lungo termine. Il risultato è un'esposizione cronica e diffusa a sostanze tossiche di cui non conosciamo pienamente le conseguenze cumulative.

Anche l'inquinamento dell'**aria indoor**, che spesso ospita livelli elevati di composti organici volatili (VOC), formaldeide, ritardanti di fiamma e nanoparticelle provenienti da materiali da costruzione, arredi, prodotti per la pulizia e stampanti, rappresenta una forma di rifiuto invisibile. La qualità dell'aria negli ambienti chiusi, dove trascorriamo fino al 90% della nostra vita, è una variabile cruciale per la salute, spesso sottovalutata. Le popolazioni più vulnerabili – bambini, anziani, malati cronici – sono particolarmente sensibili a questo tipo di esposizione.

Nel contesto agricolo, l'uso intensivo di pesticidi, erbicidi e fertilizzanti chimici introduce nel suolo e nelle acque sostanze tossiche invisibili che entrano nella catena alimentare. I nitrati, ad esempio, possono trasformarsi in nitriti e nitrosammine, sostanze cancerogene per l'uomo, mentre i residui di fitofarmaci possono compromettere la biodiversità e il corretto funzionamento degli ecosistemi.

Oltre a microplastiche e PFAS, esiste un intero universo di rifiuti invisibili che minacciano silenziosamente gli esseri umani, la fauna, la flora e la stabilità dei sistemi naturali. Alcuni di questi sono il frutto di processi industriali complessi, altri provengono dall'uso quotidiano di oggetti comuni che rilasciamo inconsapevolmente nell'ambiente. Le **nanoparticelle ingegnerizzate**, ad esempio, rappresentano una nuova frontiera dell'inquinamento invisibile. Utilizzate in prodotti cosmetici, farmaceutici, alimentari e tecnologici, queste particelle misurano meno di 100 nanometri e sono in grado di penetrare facilmente le barriere biologiche, raggiungendo organi vitali e interagendo con cellule e DNA in modi ancora poco conosciuti. La nanotecnologia, seppur promettente, solleva interrogativi profondi sulla sicurezza a lungo termine di tali materiali, specialmente quando entrano nell'ambiente senza controllo.

Un altro esempio riguarda le **fibre tessili sintetiche**, come il poliestere, il nylon o l'acrilico. Ogni volta che laviamo un indumento realizzato con questi materiali, milioni di microfibre vengono rilasciate nelle acque reflue. La maggior parte degli impianti di trattamento delle acque non è progettata per catturare queste fibre, che finiscono quindi nei corsi d'acqua e successivamente negli oceani. Queste microfibre possono assorbire sostanze tossiche presenti nell'acqua, come pesticidi e metalli pesanti, agendo da vettori chimici che veicolano inquinanti direttamente nei corpi degli animali marini e, in ultima istanza, nei nostri.

Anche **le emissioni derivanti dalla combustione della biomassa**, dai caminetti domestici alle centrali a legna o pellet, rappresentano una fonte significativa di particolato fine (PM2.5 e PM10), idrocarburi policiclici aromatici e altre sostanze invisibili e pericolose. Questi inquinanti penetrano profondamente nei polmoni e nel sistema cardiovascolare, e sono associati a patologie respiratorie croniche, ictus, infarti e riduzione dell'aspettativa di vita. Le città con alti livelli di uso di biomasse per il riscaldamento, soprattutto nelle vallate poco ventilate, registrano picchi di inquinamento dell'aria anche superiori a quelli prodotti dal traffico urbano.

Esistono anche rifiuti invisibili di origine **elettronica**. Molti dispositivi, come smartphone, computer, batterie e pannelli solari, contengono sostanze chimiche e metalli pesanti altamente inquinanti. Quando questi dispositivi non vengono correttamente smaltiti o riciclati, le loro componenti rilasciano arsenico, cromo esavalente, bromo, piombo e cadmio nel suolo, nell'acqua e nell'aria. Non sempre queste sostanze sono immediatamente rilevabili, ma la loro persistenza e tossicità le rendono estremamente pericolose per la salute umana e per l'ambiente circostante. In molte discariche illegali o siti informali di riciclo – spesso situati nei paesi in via di sviluppo – si accumulano montagne di rifiuti elettronici provenienti da ogni parte del mondo, esponendo lavoratori non protetti e comunità intere a contaminazioni invisibili ma letali.

Anche l'inquinamento da **radiazioni ionizzanti**, come quelle derivanti da centrali nucleari, test atomici o smaltimento di rifiuti radioattivi, rientra nella categoria dei rifiuti invisibili. Il cesio-137, lo stronzio-90 o il plutonio-239 sono tutti radionuclidi che possono persistere nell'ambiente per decenni o secoli, contaminando suolo, acque e catene alimentari con effetti gravissimi sulla salute e sulla biodiversità. I loro effetti non sono immediati ma si manifestano nel lungo termine, con un aumento di tumori, mutazioni genetiche e gravi patologie sistemiche.

I **composti organici volatili (VOC)**, presenti in vernici, colle, solventi, detergenti industriali e prodotti per la casa, si disperdono nell'aria e si accumulano negli ambienti chiusi, dove la ventilazione è spesso insufficiente. Inalati quotidianamente, questi composti possono causare mal di testa, nausea, irritazioni agli occhi, al naso e alla gola, ma anche danni più seri come patologie epatiche, renali e disturbi del sistema nervoso centrale. Anche in questo caso, la natura invisibile di tali sostanze le rende particolarmente insidiose: non percepiamo immediatamente il rischio, ma nel tempo l'esposizione cronica può avere conseguenze gravi, soprattutto nei bambini e nelle persone immunodepresse.

Un'ulteriore categoria di rifiuti invisibili è rappresentata dai **residui farmaceutici**. Antibiotici, ormoni, antidolorifici, antidepressivi e altre molecole chimiche vengono assorbiti solo in parte dall'organismo umano e animale; il resto viene espulso attraverso le urine e le feci, finendo negli impianti di trattamento delle acque reflue. Tuttavia, molti farmaci non vengono completamente filtrati e si accumulano nei corsi d'acqua, nei laghi e persino nelle acque potabili. Gli effetti sugli organismi acquatici sono devastanti: si osservano casi di femminilizzazione dei pesci, alterazioni nel comportamento e nella riproduzione, e l'insorgere di resistenze batteriche che minano l'efficacia degli antibiotici umani. Questo tipo di inquinamento è ancora poco normato e rappresenta una delle nuove sfide della scienza ambientale.

La **combinazione sinergica** di tutti questi inquinanti invisibili amplifica il loro impatto, dando luogo a "cocktail chimici" dai cui effetti tossicologici non è ancora possibile comprendere appieno le conseguenze. L'interazione tra più sostanze può infatti generare effetti diversi, talvolta più gravi della semplice somma delle tossicità individuali. È questo uno degli aspetti più preoccupanti: l'impossibilità di prevedere, misurare e contrastare efficacemente l'esposizione a un universo invisibile di contaminanti che si insinua ovunque – nell'aria, nell'acqua, nel cibo, negli oggetti di uso quotidiano, negli ambienti di lavoro, nelle nostre case.

Tra i rifiuti invisibili che contaminano in modo capillare il nostro ambiente vi è anche l'**inquinamento da ozono troposferico**, un gas secondario che si forma nell'atmosfera a livello del suolo attraverso complesse reazioni fotochimiche tra ossidi di azoto (NOx) e composti organici volatili (VOC) sotto l'azione della luce solare. Sebbene l'ozono stratosferico sia essenziale per schermare la Terra dai raggi UV, quello presente nei bassi strati dell'atmosfera è un potente ossidante, altamente irritante per le vie respiratorie, capace di danneggiare piante coltivate, foreste e materiali da costruzione. Invisibile e inodore, il suo picco si registra spesso nelle calde giornate estive, colpendo soprattutto bambini, anziani e soggetti con patologie croniche, in particolare nei centri urbani congestionati dal traffico.

Un'altra forma insidiosa di rifiuto invisibile è rappresentata dai **metalli pesanti in forma nanoparticellare**. Mentre le forme macroscopiche di metalli come piombo, mercurio, cadmio e arsenico sono ben note per la loro tossicità, quando questi elementi vengono dispersi nell'ambiente sotto forma di particelle ultra-fini diventano ancora più pericolosi, poiché riescono a penetrare facilmente attraverso le membrane cellulari, attraversare la barriera emato-encefalica e depositarsi negli organi interni. Questi metalli non solo interferiscono con i processi biochimici delle cellule, ma si accumulano nell'organismo nel tempo, producendo danni cumulativi irreversibili che colpiscono il sistema nervoso, il fegato, i reni, il sistema immunitario e il sistema endocrino.

I **contaminanti emergenti** – una vasta e crescente categoria di sostanze chimiche per cui non esistono ancora normative o limiti di legge specifici – rappresentano un ulteriore fronte dell'inquinamento invisibile. Tra questi vi sono gli interferenti endocrini, sostanze capaci di mimare o bloccare gli ormoni naturali del corpo umano. Ne fanno parte ftalati, bisfenolo A, parabeni e altri composti utilizzati in plastica, cosmetici, detergenti e alimenti. Questi agenti agiscono a dosi bassissime e possono influenzare lo sviluppo fetale, la fertilità, il metabolismo e aumentare il rischio di alcune patologie come diabete, obesità, cancro alla mammella e alla prostata. I loro effetti, talvolta trasgenerazionali, sono oggetto di un'intensa attività scientifica, ma la loro presenza capillare nell'ambiente – e nel nostro sangue – è ormai una realtà documentata.

Anche gli **inquinanti derivanti dalla decomposizione dei rifiuti organici in assenza di ossigeno**, come il percolato da discariche mal gestite o illegali, rientrano nel vasto regno dei rifiuti invisibili. Il percolato è un liquido scuro e maleodorante, ricchissimo di composti organici volatili, metalli pesanti, ammoniaca, fenoli e altre sostanze altamente tossiche. Questo fluido si infiltra nel sottosuolo e può raggiungere le falde acquifere, rendendo l'acqua potabile inutilizzabile e contaminando irrimediabilmente terreni agricoli. La sua presenza spesso non è percepita fino a che gli effetti non si manifestano nei raccolti, nella qualità dell'acqua o nella salute umana, e quando accade, il risanamento richiede tempi lunghissimi e tecnologie avanzate.

Altro esempio di rifiuti invisibili è rappresentato dalla **dispersione di pesticidi e fertilizzanti chimici** nell'ambiente agricolo. Anche se utilizzati con precauzione, questi prodotti tendono a non rimanere confinati nei campi in cui vengono applicati. Il vento, l'evaporazione, il ruscellamento delle piogge e l'irrigazione li trasportano lontano, diffondendoli nell'aria, nelle acque superficiali e nelle falde profonde. Alcuni pesticidi, come gli organofosfati, sono neurotossici; altri, come il glifosato, sono sospettati di effetti cancerogeni e interferenze endocrine. A rendere ancora più complessa la questione è il fatto che i residui si trovano spesso anche in alimenti etichettati come "sicuri" e in quantità che, seppur inferiori ai limiti di legge, si accumulano nel tempo nel nostro corpo.

Nel settore industriale, si fa sempre più preoccupante il rilascio di **inquinanti atmosferici ultrafini** (PM0.1), molto più piccoli del PM2.5. Queste particelle sono così minute da poter entrare direttamente nel flusso sanguigno attraverso gli alveoli polmonari. Molte industrie, soprattutto nei settori metallurgici, chimici e della produzione energetica, emettono questi contaminanti senza che vi siano limiti specifici sulle dimensioni delle particelle. L'esposizione prolungata a PM ultrafini è associata a danni cerebrali, malattie neurodegenerative, infertilità e compromissione del sistema immunitario, ma resta ancora scarsamente studiata e normata.

Vi è poi il fenomeno meno conosciuto ma ugualmente pericoloso dell'**inquinamento indoor invisibile**. All'interno delle nostre abitazioni, scuole, uffici e mezzi di trasporto si accumulano numerosi contaminanti invisibili: formaldeide emessa da mobili in truciolato, composti organici volatili rilasciati da profumi, deodoranti, prodotti per la pulizia, candele profumate e incensi, oltre ai residui chimici presenti nei tappeti, nei tendaggi, nelle vernici e nei materiali da costruzione. L'aria interna può essere da 2 a 5 volte più inquinata di quella esterna, e spesso passiamo fino al 90% del nostro tempo in questi spazi chiusi. Gli effetti sulla salute vanno da lievi irritazioni fino a gravi problemi respiratori e malattie croniche, in particolare nei soggetti vulnerabili.

I **rifiuti invisibili digitali**, seppur non materiali, meritano anch'essi una menzione. Le infrastrutture che supportano il mondo digitale – data center, server farm, criptovalute – consumano enormi quantità di energia, spesso prodotta da fonti fossili. L'energia necessaria per alimentare le nostre e-mail, archiviare file in cloud, effettuare ricerche online o mantenere attivi gli account sui social network genera emissioni di CO_2 e rifiuti elettronici che, pur non visibili nel senso stretto, hanno un impatto reale sul cambiamento climatico e sull'ambiente. L'inquinamento prodotto da attività immateriali è una nuova forma di rifiuto invisibile, sistemico e globale, che chiama in causa il nostro stile di vita connesso e iperdipendente dalla tecnologia.

Vuoi che prosegua ancora oppure posso passare alla conclusione dettagliata del punto?

I rifiuti invisibili si insinuano in ogni piega del nostro ecosistema, superando i confini tradizionali della percezione umana. Un'altra minaccia insidiosa, largamente ignorata, è rappresentata dai **nanomateriali ingegnerizzati**, utilizzati in una vasta gamma di prodotti, dai cosmetici ai tessuti intelligenti, dalle vernici fotocatalitiche ai dispositivi elettronici. Questi materiali, con dimensioni inferiori ai 100 nanometri, possiedono proprietà chimico-fisiche uniche, che li rendono estremamente versatili ma anche imprevedibili una volta rilasciati nell'ambiente. Alcuni studi suggeriscono che particelle come il biossido di titanio (TiO_2) o l'ossido di zinco (ZnO), frequentemente usati nelle creme solari o nei dentifrici, possano accumularsi nei sedimenti marini o interferire con la flora microbica del suolo, alterando equilibri ecologici profondi ancora poco compresi.

Parallelamente, l'industria tessile – tra le più inquinanti al mondo – è una delle principali fonti di **microfibre sintetiche**

che si disperdono nell'ambiente. Ogni lavaggio di abiti in poliestere, acrilico, nylon o elastan rilascia migliaia di microfibre, che superano i filtri delle lavatrici e si riversano nelle acque reflue. Queste fibre, essendo di origine plastica, si comportano come microplastiche: attirano sostanze tossiche presenti nei fiumi e nei mari e vengono ingerite da plancton, molluschi, pesci e, infine, da noi esseri umani. Gli oceani sono ormai saturi di queste fibre invisibili, che non solo danneggiano gli ecosistemi acquatici, ma si accumulano nella catena alimentare e nel nostro intestino, con conseguenze sanitarie ancora sconosciute.

Anche i **residui farmaceutici** rientrano nella categoria dei rifiuti invisibili. Ogni volta che assumiamo un antibiotico, un antidepressivo, un analgesico o un farmaco ormonale, una parte di esso non viene metabolizzata e viene espulsa attraverso urina e feci. Questi composti finiscono negli impianti di trattamento delle acque, che spesso non sono progettati per filtrare molecole farmacologicamente attive. Il risultato è una contaminazione sistematica dei corsi d'acqua con farmaci che, anche a dosi minime, possono alterare lo sviluppo e il comportamento di pesci, anfibi e invertebrati acquatici. Negli ultimi anni si sono osservati pesci maschi che sviluppano caratteristiche femminili, comportamenti riproduttivi alterati e persino batteri ambientali resistenti agli antibiotici, segni di un impatto invisibile ma profondo sull'equilibrio ecologico.

Nel contesto urbano, i **composti organici volatili (COV)** sono una minaccia invisibile onnipresente. Vengono emessi da solventi, vernici, carburanti, materiali da costruzione, colla, toner per stampanti, spray e molti altri prodotti d'uso quotidiano. I COV contribuiscono alla formazione di ozono troposferico e smog fotochimico, e sono responsabili di disturbi respiratori, allergie, irritazioni oculari, mal di testa, affaticamento cronico e, in alcuni casi, di effetti neurotossici e cancerogeni. La loro azione è lenta, silenziosa, pervasiva. In ambienti chiusi, dove la ventilazione è spesso insufficiente, i livelli di COV possono essere superiori rispetto all'ambiente esterno, rendendo le case e gli uffici veri e propri contenitori di inquinamento invisibile.

In agricoltura intensiva, oltre ai pesticidi, si deve considerare anche la diffusione di **residui di plastica agricola** non biodegradabile. I film plastici utilizzati per pacciamatura, serre e irrigazione a goccia si degradano lentamente, rilasciando micro- e nanoplastiche nel terreno. Queste particelle interagiscono con la microfauna del suolo e con le radici delle piante, ostacolando l'assorbimento dei nutrienti e interferendo con la crescita vegetale. Inoltre, possono essere assorbite dalle colture stesse, entrando nella catena alimentare umana. Le conseguenze a lungo termine di questa plastificazione dei suoli sono ancora oggetto di studio, ma il rischio di un declino della fertilità del terreno è concreto.

Anche i **fanghi di depurazione**, sottoprodotti degli impianti di trattamento delle acque reflue urbane e industriali, costituiscono una fonte di rifiuti invisibili. Questi fanghi vengono spesso utilizzati in agricoltura come fertilizzanti a basso costo, ma possono contenere metalli pesanti, microplastiche, residui farmaceutici, composti perfluorurati (PFAS), idrocarburi policiclici aromatici (IPA) e batteri resistenti agli antibiotici. Sebbene i benefici agricoli siano evidenti, la dispersione sistematica di questi contaminanti sul suolo rappresenta un rischio cumulativo, in grado di alterare la qualità dei raccolti, contaminare le falde e compromettere la sicurezza alimentare.

Nel settore dell'edilizia, si nascondono **residui di amianto friabile** e altre fibre minerali artificiali, un tempo utilizzati massicciamente per l'isolamento termico e acustico. Anche se vietati in molte nazioni, questi materiali continuano a esistere negli edifici più vecchi e, con l'invecchiamento delle strutture o durante le ristrutturazioni, rilasciano nell'aria fibre invisibili che, se inalate, possono provocare gravi patologie polmonari come asbestosi, mesotelioma e carcinoma polmonare. Il problema è acuito dal fatto che le fibre sono invisibili all'occhio umano e possono rimanere sospese nell'aria per lungo tempo, rendendo la bonifica un'operazione complessa e delicata.

Infine, una nuova frontiera del rifiuto invisibile è rappresentata dalle **emissioni radioattive a bassa intensità**, provenienti da scorie nucleari mal gestite, incidenti, test atomici passati o dalla normale attività di centrali nucleari. Anche se le quantità emesse sono ridotte e i livelli di radiazione sono ritenuti "sicuri" dalle autorità, l'accumulo nel tempo di isotopi radioattivi come cesio-137, stronzio-90 e iodio-131 può avere effetti dannosi sulla salute umana e sugli ecosistemi. La particolarità di questi inquinanti è che non hanno odore, colore o sapore, ma possono contaminare acqua, suolo e catena alimentare per decenni o secoli, a seconda della loro emivita.

I rifiuti invisibili rappresentano una delle sfide più complesse e insidiose del nostro tempo, perché agiscono in silenzio, si diffondono in modo subdolo e, soprattutto, non suscitano nell'opinione pubblica la stessa reazione di urgenza che provocano i rifiuti visibili e tangibili. È proprio questa invisibilità a renderli tanto pericolosi: non si vedono, ma si accumulano nei nostri organi, nei suoli, nelle acque, negli alimenti, nell'aria che respiriamo e perfino nel latte materno.

Uno degli aspetti più inquietanti è che questi inquinanti agiscono spesso **a basse dosi**, ma in modo **persistente e cumulativo**, producendo effetti cronici a lungo termine difficili da misurare nell'immediato. Le microplastiche, ad esempio, possono non generare reazioni tossiche acute, ma si accumulano nei tessuti biologici e possono interferire con le funzioni cellulari, promuovere infiammazioni sistemiche e disturbare l'equilibrio endocrino. Allo stesso modo, i PFAS – chiamati non a caso "sostanze chimiche eterne" – rimangono nell'ambiente e nel corpo umano per anni, resistendo ai processi di degradazione e arrivando a colpire organi vitali, con effetti documentati su fertilità, sviluppo embrionale, sistema immunitario e aumento del rischio di tumori.

La difficoltà di monitorare questi inquinanti è acuita dalla **lentezza della ricerca scientifica** nel colmare le lacune tossicologiche. Molte sostanze invisibili in circolazione non sono ancora regolamentate né comprese appieno, e la legislazione è spesso in ritardo rispetto alla produzione e all'uso industriale. Inoltre, i metodi di rilevamento e analisi sono spesso costosi, complessi e inaccessibili per le comunità locali o per i paesi in via di sviluppo, che risultano quindi ancora più esposti e vulnerabili.

Dal punto di vista ambientale, i rifiuti invisibili **alterano l'equilibrio degli ecosistemi** a un livello profondo e poco visibile, colpendo le basi stesse della catena alimentare. Quando lo zooplancton ingerisce nanoplastiche o residui chimici, non solo mette a rischio la propria sopravvivenza, ma trasmette tali contaminanti ai predatori successivi, fino a raggiungere pesci, uccelli marini, mammiferi e infine l'essere umano. In questo modo, il rifiuto invisibile diventa un **filo rosso tossico** che collega le nostre azioni quotidiane – lavare i vestiti, spruzzare un deodorante, gettare un farmaco nel lavandino – con effetti planetari e intergenerazionali.

Sul fronte sanitario, l'invisibilità del rischio genera **una falsa percezione di sicurezza**. Le persone continuano a usare prodotti contenenti sostanze tossiche o a vivere in ambienti contaminati senza saperlo, mentre cresce l'incidenza di malattie croniche, allergie, disfunzioni ormonali, infertilità, patologie neurologiche e tumori, che in molti casi hanno legami – diretti o indiretti – con esposizioni ambientali invisibili. Non si tratta solo di una questione ambientale, ma di una **crisi di salute pubblica globale**, che chiama in causa la giustizia sociale e intergenerazionale, poiché i bambini, le donne in gravidanza e le popolazioni povere sono spesso i più colpiti.

Infine, i rifiuti invisibili pongono una sfida anche **etica e culturale**: ci obbligano a cambiare il nostro modo di pensare alla spazzatura. Non basta più "non vedere" il problema per poter dire che non esiste. Occorre sviluppare una nuova consapevolezza, che ci porti a indagare ciò che è nascosto, a interrogare la composizione delle cose che consumiamo e produciamo, a pretendere trasparenza dalle industrie, e a promuovere una transizione verso materiali realmente ecocompatibili, sistemi di tracciabilità efficaci e modelli di economia circolare che tengano conto anche dell'invisibile. Solo così potremo interrompere questo ciclo silenzioso e tossico che minaccia la vita nei suoi aspetti più fondamentali.

7. Vite Spezzate: Gli animali e l'inquinamento Casi concreti di animali uccisi, mutilati o contaminati dai rifiuti.

Ogni anno milioni di animali, dai più piccoli crostacei ai grandi cetacei, dai pesci degli abissi alle aquile in volo, subiscono le conseguenze devastanti dell'inquinamento causato dall'uomo. I rifiuti, una volta dispersi nell'ambiente, non rimangono elementi inerti: si trasformano in trappole mortali, fonti di contaminazione, ostruzioni digestive, cause di deformazioni e lesioni. Le storie che si accumulano nei centri di recupero della fauna selvatica, nei laboratori di biologia marina e nei rapporti delle ONG ambientaliste parlano tutte la stessa lingua: quella della sofferenza silenziosa e della morte precoce di esseri viventi innocenti.

Nel mare, le immagini di tartarughe marine intrappolate in reti da pesca abbandonate – le cosiddette *ghost nets* – sono tristemente note. Queste reti invisibili continuano a pescare in eterno, strangolando pesci, soffocando delfini, amputando pinne e ali a squali e mante. Ogni frammento di plastica galleggiante può sembrare a una tartaruga un gustoso medusa: ma una volta ingerita, quella plastica si incastra nel tratto digestivo, causando blocchi intestinali, infezioni e infine la morte per fame. Gli uccelli marini, come gli albatros e le sule, vengono spesso ritrovati sulle coste con lo stomaco pieno di tappi, accendini, pezzi di penne, sacchetti. Non muoiono subito: muoiono lentamente, con lo stomaco pieno e il corpo scheletrico. I genitori, ingannati dall'aspetto brillante dei rifiuti galleggianti, li scambiano per cibo e li portano ai piccoli nel nido.

Negli ambienti fluviali, gli animali che vivono a stretto contatto con l'acqua dolce – come lontre, castori, aironi e anfibi – sono costantemente esposti alle sostanze chimiche che si accumulano nei sedimenti e nelle acque di scarico. I pesticidi e i metalli pesanti, che provengono dai campi coltivati e dagli scarichi industriali, alterano i meccanismi riproduttivi, deformano gli embrioni, causano mutazioni genetiche e riducono drasticamente la capacità di sopravvivenza dei piccoli. Alcune rane sviluppano zampe supplementari o non completamente formate, e in alcune popolazioni si osservano femmine con testicoli interni, sintomo evidente della contaminazione da interferenti endocrini.

Nei paesaggi rurali o suburbani, dove si trovano discariche abusive o aree industriali dismesse, si osservano volpi, gatti selvatici, ricci, uccelli rapaci e persino cervi che ingeriscono plastica assieme al cibo, o che rimangono impigliati in sacchetti, lattine, fili metallici. Alcuni animali costruiscono i propri nidi con materiali plastici, senza sapere che quei materiali rilasciano composti tossici per i piccoli. Gli insetti impollinatori, come le api e le farfalle, raccolgono polveri contaminate da erbicidi e fungicidi, trasportando la contaminazione direttamente all'interno degli alveari e dei bozzoli, minando la salute di intere colonie.

I grandi predatori marini, come orche, foche e squali, che si trovano all'apice della catena alimentare, accumulano nei propri tessuti concentrazioni altissime di mercurio, PCB, DDT e microplastiche, ingerite indirettamente attraverso le prede. Questo fenomeno, detto bioaccumulo, fa sì che anche una minima presenza di sostanze tossiche nel plancton si amplifichi migliaia di volte man mano che si sale lungo la catena trofica. Le madri trasmettono tali contaminanti al feto e al cucciolo tramite placenta e latte, con effetti devastanti: aborti spontanei, deformazioni, incapacità di cacciare o di orientarsi. Gli scienziati hanno osservato interi gruppi di balene spiaggiarsi con lo stomaco pieno di rifiuti plastici, organi riproduttivi atrofizzati, o lesioni cerebrali legate all'inquinamento sonoro e chimico.

Anche gli animali di città, come piccioni, topi, cornacchie e gabbiani, soffrono l'inquinamento, sebbene in modo meno visibile. Vivono nutrendosi di ciò che l'uomo getta via: plastica, cibo avariato, rifiuti industriali. Questo li rende portatori di malattie, vittime di deformazioni ossee, squilibri metabolici, infezioni croniche. Alcuni gabbiani ingoiano pezzi di vetro o alluminio nella speranza di digerire ciò che sembrano essere resti di cibo. I cani randagi e i gatti delle colonie urbane scavano tra la spazzatura rischiando ogni giorno intossicazioni da detergenti, vernici, metalli pesanti o farmaci scaduti.

Se vuoi, posso continuare ad approfondire ancora questo punto senza concluderlo, oppure posso proseguire fino alla conclusione completa. Fammi sapere come preferisci procedere.

Alcune delle testimonianze più drammatiche del legame tra rifiuti e sofferenza animale provengono dalle regioni polari e dagli ecosistemi più remoti, luoghi che un tempo si credevano al riparo dall'inquinamento umano. In realtà, anche nelle aree più incontaminate del pianeta, come l'Artico, l'Antartide, le isole vulcaniche disabitate del Pacifico o le profondità degli abissi oceanici, gli scienziati continuano a scoprire tracce sempre più abbondanti di plastica e contaminanti chimici nei corpi di uccelli marini, foche, pinguini, pesci abissali e persino in minuscole forme di vita che popolano le fosse oceaniche. È la prova evidente che i rifiuti non conoscono confini: viaggiano trasportati dalle correnti marine, dal vento, dalla pioggia, dalla neve e perfino dalle catene alimentari. Un gabbiano che ingerisce plastica sulle coste del Nord Europa può diventare la preda di un'aquila artica che porterà quei frammenti a migliaia di chilometri di distanza.

In questi luoghi isolati, la contaminazione diventa ancora più insidiosa perché non visibile e spesso non monitorata. Ad esempio, in alcune popolazioni di orsi polari, si sono riscontrati livelli elevatissimi di PCB, una sostanza altamente tossica bandita da anni ma ancora presente nei ghiacci e nei grassi delle foche. Le madri trasmettono queste sostanze ai cuccioli durante l'allattamento, minando la loro capacità di sopravvivenza proprio nei primi mesi di vita. Anche i narvali e i beluga, cetacei tipici delle regioni boreali, mostrano un accumulo crescente di microplastiche nello stomaco, con conseguenze non ancora del tutto comprese ma certamente preoccupanti. Alcune foche artiche, studiate in Groenlandia, presentano lesioni intestinali e infiammazioni croniche legate all'ingestione continua di frammenti plastici confusi con resti di pesce o crostacei.

In contesti tropicali, il problema assume altre forme. I coralli, ad esempio, sono organismi estremamente sensibili agli inquinanti chimici e alle microplastiche sospese nell'acqua. Quando queste sostanze entrano in contatto con la superficie dei coralli, possono alterarne il microbioma, ridurne la resistenza alle malattie, provocare infezioni e portare al collasso delle colonie. Alcuni studi hanno evidenziato come i polipi dei coralli ingeriscano attivamente le microplastiche, scambiandole per plancton, e come questo porti a una riduzione dell'energia disponibile per la crescita e la riproduzione. Il risultato è un progressivo indebolimento delle barriere coralline, che non solo ospitano il 25% della biodiversità marina, ma proteggono le coste da erosione e tempeste.

Anche gli organismi filtratori, come cozze, ostriche, spugne e balene con fanoni, sono tra le vittime silenziose dell'inquinamento da rifiuti invisibili. Questi animali si nutrono filtrando enormi quantità di acqua ogni giorno e con essa ingeriscono inevitabilmente migliaia di particelle microplastiche e nanoparticelle tossiche. Nelle cozze analizzate in diverse regioni del Mediterraneo e dell'Atlantico, si trovano frammenti plastici in ogni organo interno, incluso il sistema nervoso. Le spugne marine, che vivono ancorate ai fondali e fungono da filtro per l'ecosistema bentonico, stanno accumulando quantità sempre maggiori di sostanze tossiche, che poi rilasciano lentamente nell'ambiente, contribuendo alla contaminazione secondaria. Le balene, infine, sono tra le creature più esposte: una sola boccata d'acqua può contenere milioni di microfibre, e alcuni esemplari spiaggiati avevano nello stomaco oltre 50 kg di rifiuti solidi.

Negli ambienti desertici, la presenza di rifiuti può sembrare meno rilevante, ma anche qui gli animali non sono al sicuro. Camaleonti, serpenti, piccoli roditori e volatili desertici ingeriscono plastica portata dal vento e depositata tra le rocce o sotto la sabbia. Alcuni rapaci notturni, come i gufi del deserto, costruiscono i propri nidi con materiali raccolti tra i rifiuti umani, mettendo a rischio la vita dei propri piccoli. I pochi corsi d'acqua presenti diventano concentrati di contaminazione, dove ogni tossina si accumula rapidamente e si trasmette a tutta la catena alimentare locale.

Anche negli ambienti agricoli, dove si utilizzano teli plastici per le coltivazioni, fertilizzanti chimici, erbicidi e antiparassitari, gli animali selvatici – ma anche quelli domestici – vengono esposti a una vasta gamma di sostanze tossiche. Le galline che razzolano nei campi possono ingerire frammenti di plastica. I cani da guardia, i gatti, i bovini e persino i cavalli possono assorbire PFAS e microplastiche attraverso l'acqua contaminata dei pozzi o il foraggio trattato. I lombrichi del suolo, fondamentali per la salute degli ecosistemi agricoli, assorbono e trasferiscono microplastiche e metalli pesanti agli uccelli insettivori che se ne nutrono.

Se vuoi, posso continuare con nuovi esempi, ambienti, animali e meccanismi di contaminazione senza concludere il punto, oppure posso procedere verso una chiusura completa e articolata. Fammi sapere.

Un altro aspetto spesso trascurato dell'inquinamento che colpisce gli animali riguarda gli effetti indiretti dei rifiuti sulla catena alimentare. Molti rifiuti, soprattutto quelli plastici e chimici, non solo causano danni diretti agli animali che li ingeriscono o vi rimangono impigliati, ma alterano l'intero equilibrio ecologico in cui queste creature vivono. Quando ad esempio un inquinante compromette la riproduzione o la salute di una specie chiave – come piccoli crostacei marini, insetti impollinatori o anfibi – l'intera rete alimentare viene destabilizzata, con conseguenze a cascata che possono durare decenni. Gli uccelli marini che si nutrono di pesci contaminati da mercurio o microplastiche vedono ridotta la fertilità, depongono uova con gusci fragili o nutrono i pulcini con alimenti poveri di valore nutritivo. Questi pulcini crescono deboli, spesso non sopravvivono al primo volo e vengono sostituiti troppo lentamente per garantire la sopravvivenza della specie.

In alcune zone costiere, le foche adulte sono costrette a percorrere distanze sempre maggiori alla ricerca di prede non contaminate. Questa maggiore fatica comporta una minore disponibilità di energia per la riproduzione, e di conseguenza un calo dei cuccioli nati ogni anno. Gli squali, grandi predatori marini, stanno accumulando talmente tante tossine nei tessuti grassi che si sospetta possano soffrire di disfunzioni ormonali e neurologiche. Alcuni esemplari rinvenuti morti nei mari tropicali avevano nel fegato concentrazioni altissime di sostanze perfluoroalchiliche (PFAS), note per resistere alla degradazione naturale e per interferire con il sistema endocrino.

Nel mondo degli uccelli, specie come le rondini, i gabbiani, i pellicani o i cormorani costruiscono i loro nidi sempre più spesso con materiale plastico raccolto lungo i litorali. Filamenti di nylon, fili da pesca, frammenti di sacchetti e piccoli oggetti colorati vengono intrecciati tra le ramaglie, creando trappole mortali per i piccoli appena nati. Basta una folata di vento o un movimento brusco perché un pulcino rimanga impigliato in un laccio e muoia soffocato o strangolato. I genitori, incapaci di liberarlo, spesso abbandonano il nido. Studi hanno mostrato che in alcune colonie di gabbiani urbani il tasso di sopravvivenza dei piccoli è sceso del 40% negli ultimi vent'anni a causa del materiale plastico nei nidi.

Altri esempi provengono dal mondo degli animali da allevamento. Le mucche che pascolano vicino a discariche o campi coltivati con fertilizzanti contenenti microplastiche ingeriscono involontariamente rifiuti mescolati all'erba o all'acqua dei fossi. Le conseguenze si riflettono poi sulla qualità del latte e della carne. Alcuni allevamenti hanno dovuto essere chiusi dopo che nei tessuti animali sono state trovate elevate quantità di diossine o metalli pesanti, sostanze altamente tossiche che si accumulano senza sintomi evidenti fino a raggiungere soglie pericolose. Anche i pesci d'allevamento sono vulnerabili: se l'acqua è contaminata da rifiuti invisibili o farmaci smaltiti in modo scorretto, queste sostanze finiscono nei tessuti, alterano la crescita e rendono gli animali inadatti al consumo umano.

In alcuni casi, l'inquinamento ha effetti genetici. I metalli pesanti come cadmio, piombo, arsenico o mercurio, quando assorbiti in dosi elevate e continuative, possono danneggiare il DNA degli animali esposti. Si sono osservate malformazioni in pesci, uccelli e anfibi che vivono vicino a fiumi o laghi inquinati. In zone fortemente contaminate, alcuni uccelli nati con difetti alle zampe o alle ali non riescono a volare e quindi muoiono rapidamente, senza mai lasciare il nido. Alcune specie di tartarughe marine hanno mostrato una riduzione nella produzione di maschi a causa dell'aumento della temperatura delle sabbie, combinata alla presenza di interferenti endocrini derivati da pesticidi, che alterano la determinazione del sesso nei piccoli.

Non meno drammatiche sono le immagini – sempre più comuni – di animali terrestri che ingeriscono plastica scambiandola per cibo. Gli elefanti che razzolano vicino alle discariche in India o Sri Lanka ingeriscono ogni giorno decine di chilogrammi di plastica, sacchetti, batterie e tessuti. Alcuni muoiono lentamente per occlusioni intestinali, infezioni o intossicazioni. Le autopsie rivelano stomaci pieni di rifiuti umani, un paradosso crudele che mostra quanto i nostri scarti abbiano superato ogni confine naturale. Anche le scimmie che vivono in aree turistiche vengono attirate dai resti lasciati dai visitatori: patatine, involucri, bottiglie e resti di cibo avvelenato dai conservanti. L'alimentazione si modifica, le funzioni digestive si alterano, la salute si deteriora. In alcune aree protette, i guardiaparco devono intervenire per "rieducare" gli animali selvatici a non cercare plastica tra i rifiuti.

La situazione si aggrava ulteriormente nei periodi di siccità o carestia, quando gli animali sono costretti a esplorare nuove fonti di cibo o acqua. In questi momenti, il rischio di entrare in contatto con rifiuti tossici aumenta. Le volpi si avventurano nei pressi dei cassonetti urbani, i cinghiali scavano nelle discariche, i cani randagi rosicchiano contenitori chimici abbandonati, gli uccelli acquatici si tuffano nei canali industriali pieni di schiume tossiche. Alcuni sopravvivono, ma molti riportano danni permanenti al fegato, ai polmoni, al sistema nervoso. E il ciclo si ripete, giorno dopo giorno, invisibile agli occhi di chi vive distante da queste dinamiche, ma ormai tristemente normale per chi le osserva quotidianamente.

Se desideri, posso continuare con nuove casistiche e ambienti, oppure, quando lo ritieni opportuno, passare a una conclusione dettagliata di questo punto. Dimmi tu come preferisci proseguire.

La realtà dell'inquinamento che colpisce gli animali si manifesta anche in contesti meno eclatanti ma altrettanto devastanti, come quello delle zone umide. Le paludi, le lagune costiere, gli stagni e le risaie ospitano milioni di specie tra anfibi, rettili, insetti, uccelli migratori e pesci d'acqua dolce. Tuttavia, queste aree agiscono come vere e proprie trappole per i rifiuti: raccolgono pesticidi diluiti dalle piogge, residui di fertilizzanti, plastiche trasportate dal vento e microinquinanti provenienti da scarichi agricoli e industriali. Gli anfibi, come rane e tritoni, sono particolarmente vulnerabili: la loro pelle sottile e permeabile assorbe rapidamente le tossine presenti nell'acqua, portando a mutazioni, tumori cutanei, deformazioni agli arti o infertilità.

In alcune riserve naturali europee è stato osservato un declino drammatico delle popolazioni di anfibi, non a causa della caccia o della perdita di habitat, ma per la contaminazione subdola e continua delle acque. Gli scienziati hanno trovato residui di antidepressivi, antibiotici, analgesici e perfino ormoni anticoncezionali nell'ambiente acquatico, con effetti sorprendenti: alcune rane maschio sviluppavano tessuti ovarici, altre smettevano di vocalizzare, rendendosi incapaci di attrarre partner. Anche in Canada e negli Stati Uniti sono stati documentati casi di interi ecosistemi d'acqua dolce compromessi dall'accumulo di sostanze farmaceutiche e metalli pesanti, che alterano il comportamento e il metabolismo degli animali acquatici.

Gli animali notturni, come pipistrelli, gufi, lupi, tassi e alcuni roditori, subiscono l'impatto dell'inquinamento in modi differenti. I pipistrelli, per esempio, che si nutrono principalmente di insetti, sono colpiti dalla riduzione delle loro prede a causa della contaminazione ambientale. Gli insetti acquatici, come le effimere e le libellule, scompaiono in ambienti dove l'acqua è alterata da detergenti, idrocarburi o nitrati. Di conseguenza, i pipistrelli trovano meno cibo, e quelli che riescono a nutrirsi possono comunque ingerire tossine accumulate nei corpi degli insetti, con effetti negativi sulla riproduzione e sull'orientamento. Gli uccelli notturni, che cacciano piccoli roditori o insetti, spesso si nutrono di prede contaminate, con conseguenze che si manifestano nel lungo termine: alterazioni neurologiche, difficoltà di volo, riduzione della vista notturna.

Nei deserti e nelle steppe, l'impatto dei rifiuti si manifesta in modo diverso. I sacchetti di plastica, trasportati per centinaia di chilometri dal vento, si ammassano tra le dune e i cespugli. Gli animali che vivono in questi ambienti estremi, come cammelli, antilopi, sciacalli, serpenti e rapaci, possono ingerire accidentalmente frammenti plastici, oppure rimanere intrappolati in contenitori abbandonati, reti, cassette per il pesce e cinghie da imballaggio. In Arabia Saudita, numerosi casi di cammelli morti sono stati attribuiti alla formazione di veri e propri "blocchi plastici" nello stomaco, talmente grandi da impedire la digestione e l'assorbimento di acqua. I pastori raccontano di animali che smettono di mangiare, deperiscono rapidamente e muoiono nel giro di pochi giorni.

Anche nei luoghi più remoti, dove l'uomo appare quasi assente, i rifiuti sono presenti. In Antartide, ad esempio, sono stati rinvenuti frammenti di microplastiche nei tessuti di pesci, crostacei e persino nei pinguini. Le correnti oceaniche trasportano ogni tipo di rifiuto fino ai confini del mondo, e ciò che una volta sembrava un santuario incontaminato è oggi soggetto a contaminazioni sottili ma inesorabili. I pinguini imperatore, che si immergono a profondità estreme per nutrirsi, ingeriscono inconsapevolmente microplastiche mescolate al krill, la loro principale fonte alimentare. A lungo andare, l'accumulo di queste particelle nel tratto digerente può compromettere l'assorbimento di nutrienti e causare problemi intestinali.

In Amazzonia, le comunità indigene raccontano di pesci e uccelli divenuti "strani" dopo la costruzione di miniere e impianti industriali. Le acque dei fiumi, alterate da mercurio e altri metalli utilizzati per l'estrazione dell'oro, hanno contaminato non solo la fauna ittica ma anche i predatori che ne dipendono. I giaguari, ad esempio, mangiando pesci contaminati o capibara che si abbeverano in acque tossiche, accumulano lentamente dosi di mercurio che alterano la loro fertilità, il comportamento e la sopravvivenza dei cuccioli. Alcuni primati, come le scimmie urlatrici o i tamarini, mostrano segni di stress, perdita di pelo e comportamenti anomali, attribuibili all'ingestione di frutti o foglie contaminati da pesticidi portati dal vento dalle coltivazioni vicine.

In mare aperto, balene, delfini e orche continuano a soffrire l'inquinamento invisibile. La bioaccumulazione di sostanze tossiche nei grandi cetacei è tra le più alte del regno animale. Le orche, in particolare, accumulano PCB (policlorobifenili), pesticidi clorurati e idrocarburi aromatici policiclici nel tessuto adiposo. Le femmine trasmettono queste sostanze ai cuccioli attraverso il latte, mettendone a rischio la sopravvivenza sin dalle prime settimane di vita. Alcuni studi hanno mostrato che la contaminazione chimica è talmente elevata da compromettere il sistema immunitario delle orche, rendendole più vulnerabili a malattie virali o batteriche. In certe popolazioni di delfini tursiopi dell'Adriatico, i livelli di mercurio nel sangue superano quelli considerati letali per altri mammiferi.

Anche gli animali domestici, come cani e gatti, non sono immuni agli effetti dell'inquinamento. Nei centri urbani, cani che vivono vicino a strade trafficate o a inceneritori mostrano livelli anomali di metalli pesanti nelle urine. I gatti che cacciano nei giardini o si nutrono di piccoli roditori possono ingerire pesticidi o erbicidi, manifestando poi problemi neurologici o disturbi renali. In alcune città della Cina, sono stati documentati casi di "avvelenamenti cronici da ambiente" in animali domestici, dovuti all'esposizione continua a particolato fine e sostanze tossiche.

Posso proseguire con ulteriori esempi o ambienti naturali colpiti. Fammi sapere se vuoi approfondire altre zone geografiche, altri gruppi animali o se desideri passare alla conclusione dettagliata del punto.

Oltre agli ambienti terrestri e acquatici, l'inquinamento colpisce profondamente anche gli ecosistemi di transizione come le barriere coralline, le mangrovie e le praterie di fanerogame marine, habitat fondamentali per migliaia di specie animali. Le barriere coralline, veri e propri scrigni di biodiversità, sono oggi minacciate non solo dall'innalzamento delle temperature oceaniche ma anche dai rifiuti plastici che si impigliano tra i coralli, soffocandoli o provocando infezioni batteriche. In Indonesia e nelle Filippine, ad esempio, ricercatori hanno documentato un aumento del 20% delle malattie dei coralli in prossimità di aree contaminate da rifiuti solidi. Sacchetti, reti da pesca dismesse, guanti, bottiglie e contenitori si accumulano tra le formazioni coralline, impedendo il passaggio della luce e ostacolando il ciclo vitale di alghe simbionti, essenziali alla sopravvivenza del corallo stesso.

Le tartarughe marine, in particolare, sono tra le vittime simbolo dell'inquinamento marino. Ogni anno, migliaia di esemplari muoiono dopo aver ingerito sacchetti di plastica scambiati per meduse, oppure restano impigliate in lenze da pesca e reti fantasma. Le immagini di tartarughe con pinne amputate o gusci deformati sono tristemente note, ma dietro ogni caso documentato ne esistono probabilmente decine di altri mai osservati. Anche i loro nidi sono minacciati: la presenza di microplastiche nella sabbia può alterare la temperatura del suolo, modificando il rapporto tra nascite maschili e femminili, poiché il sesso delle tartarughe è determinato dalla temperatura d'incubazione delle uova. Questo squilibrio può avere ripercussioni a lungo termine sulle future generazioni.

I cetacei, nonostante le loro dimensioni imponenti, sono esposti a rischi ambientali tanto gravi quanto quelli di animali più piccoli. I capodogli, ad esempio, sono spesso trovati spiaggiati con lo stomaco colmo di plastica: interi sacchi della spazzatura, corde, cassette di polistirolo e contenitori di ogni genere. Un caso emblematico fu registrato in Italia nel 2019, quando un capodoglio femmina fu trovato morto con oltre 20 chili di plastica nello stomaco, tra cui piatti, teli agricoli e un bidone intero. Questo tipo di ingestione non è solo letale per occlusione intestinale, ma provoca anche dolori cronici, malnutrizione e disorientamento. E poiché i cetacei comunicano attraverso suoni, il disorientamento acustico causato anche da rifiuti metallici o esplosivi sommersi può interrompere le loro rotte migratorie o separarli dal branco.

Tra le creature meno visibili, ma non meno importanti, vi sono gli invertebrati marini e terrestri. I vermi del suolo, ad esempio, ingeriscono microplastiche presenti nel terriccio, alterando le proprietà fisico-chimiche del terreno e influenzando la crescita delle piante. I crostacei bentonici, che vivono nei fondali marini, accumulano nel loro corpo residui di idrocarburi, metalli pesanti e plastiche polimeriche che entrano poi nella catena alimentare attraverso pesci, molluschi e infine, l'uomo. Gli insetti impollinatori, come api e farfalle, sono danneggiati dai pesticidi che si depositano sui fiori, compromettendo le loro capacità di orientamento, la memoria e la riproduzione. La moria di api registrata in varie regioni del mondo è anche legata all'assorbimento di particelle sottili e sostanze neurotossiche presenti nell'aria e nell'acqua.

Nei poli, dove la vita appare più rarefatta ma ugualmente fragile, i cambiamenti causati dai rifiuti umani sono visibili nel comportamento degli orsi polari. Questi grandi predatori, spinti dalla scarsità di ghiaccio e prede marine, si avvicinano sempre più spesso agli insediamenti umani, rovistando nelle discariche e ingerendo rifiuti plastici contaminati da cibo, prodotti chimici o detergenti. Questi materiali non solo non sono digeribili, ma spesso risultano tossici. I campioni di sangue prelevati da orsi artici hanno mostrato la presenza di PCB, DDT e altre sostanze vietate da decenni, che persistono ancora nell'ambiente e raggiungono anche gli estremi della Terra attraverso l'atmosfera e le catene alimentari.

Le mangrovie, tra gli ecosistemi più importanti per la protezione delle coste e la biodiversità, soffrono per l'accumulo di rifiuti flottanti che ne soffocano le radici. Questi alberi anfibi, capaci di vivere in acque salmastre, costituiscono l'habitat per granchi, pesci, uccelli e rettili. Ma l'ammasso di bottiglie, reti e contenitori limita il ricambio d'acqua, impedisce la respirazione del suolo e uccide interi banchi di piccoli crostacei. Il degrado delle mangrovie ha un effetto a cascata sulla fauna marina costiera: se queste scompaiono, anche gli stadi giovanili di molte specie ittiche perdono il loro rifugio, causando un crollo della pesca artigianale e della biodiversità.

In aree rurali e di allevamento, il problema dei rifiuti agricoli è altrettanto serio. Gli animali da pascolo, come pecore, capre e bovini, ingeriscono spesso corde, pezzi di reti agricole, sacchi di mangime o teli per la copertura del fieno, con esiti tragici. Le fibre sintetiche si accumulano nel rumine, causando blocchi digestivi, infezioni e morte. Alcuni allevatori raccontano di aver trovato sacchi interi nei visceri di mucche apparentemente sane. Gli uccelli rapaci, che si nutrono di carogne o piccoli roditori, ingeriscono anch'essi frammenti di plastica secondari e si contaminano con sostanze chimiche persistenti, subendo danni al fegato e al sistema nervoso.

L'inquinamento acustico, pur non essendo un rifiuto materiale nel senso tradizionale, rappresenta un'altra minaccia per gli animali. Nelle aree urbane o vicino a strade e aeroporti, il rumore costante disturba il comportamento di nidificazione degli uccelli, impedisce la comunicazione tra i branchi di elefanti, e altera la percezione del pericolo nei predatori notturni. Anche le balene, che usano i suoni per orientarsi e comunicare su grandi distanze, sono disorientate dal rumore sottomarino generato da motori navali, sonar militari e impianti di estrazione sottomarini.

La relazione tra inquinamento e fauna selvatica è tanto drammatica quanto trasversale, abbracciando ogni ambiente della Terra e colpendo animali di ogni ordine, dimensione e comportamento. Dalle immense distese oceaniche fino ai deserti aridi, dai ghiacci artici alle metropoli pulsanti, la presenza dei rifiuti, visibili o invisibili, modifica profondamente gli ecosistemi e infligge ferite spesso irreversibili agli animali che li abitano. Queste creature, che per milioni di anni hanno saputo adattarsi ai cicli naturali, si trovano oggi disorientate, mutilate, avvelenate o condannate da un inquinamento rapido e imprevisto, generato in gran parte dalle attività umane dell'ultimo secolo.

La portata globale del problema è aggravata dalla sua natura silenziosa: molte delle vittime dell'inquinamento ambientale muoiono lontano dagli occhi dell'uomo. Gli uccelli muoiono soffocati nei boschi o nei parchi urbani, gli anfibi scompaiono silenziosamente da laghi e ruscelli contaminati, i cetacei affondano dopo dolori intestinali invisibili in oceani profondi, e gli insetti impollinatori si estinguono a milioni senza che se ne noti immediatamente l'assenza. Ma ogni perdita di biodiversità si ripercuote sulla catena alimentare e sugli equilibri ambientali, intaccando la resilienza degli ecosistemi e, in ultima analisi, mettendo in pericolo la sopravvivenza stessa dell'uomo.

È fondamentale comprendere che l'inquinamento non è un problema che riguarda "altrove". I rifiuti che produciamo ogni giorno — una bottiglia gettata, una sigaretta spenta nella sabbia, un sacchetto lasciato al vento — possono intraprendere viaggi imprevedibili e lunghissimi, finendo nel becco di un albatro, nello stomaco di un delfino o nel nido di un passerotto. Il nostro stile di vita, le nostre scelte quotidiane, il modo in cui consumiamo, smaltiamo e trattiamo ciò che consideriamo "scarto", influiscono direttamente sul destino degli animali e, quindi, sul nostro.

Proteggere gli animali dall'inquinamento significa, in fondo, proteggere noi stessi. Le malattie che colpiscono gli animali contaminati possono risalire la catena alimentare e arrivare fino all'uomo; l'impoverimento della fauna influisce sui servizi ecosistemici da cui dipendiamo — impollinazione, purificazione dell'acqua, fertilità del suolo — e un ambiente malato non può sostenere la vita in modo stabile. Occorre un cambiamento profondo, non solo nelle politiche ambientali ma anche nella coscienza collettiva. Ridurre i rifiuti alla fonte, investire in tecnologie sostenibili, bonificare gli ambienti compromessi e, soprattutto, educare le nuove generazioni alla responsabilità ambientale sono le uniche strade per invertire questa rotta.

Ogni animale che salva la vita grazie a un mare più pulito, a un prato senza microplastiche o a un cielo meno inquinato è il segnale che un'altra strada è possibile. E che l'empatia, la scienza e l'azione concreta possono ancora restituire respiro alla Terra.

8. L'Uomo e il Ritorno del Rifiuto: Malattie e conseguenze sulla salute Come l'inquinamento ci colpisce direttamente: tumori, infertilità, patologie respiratorie.

L'impatto dei rifiuti e dell'inquinamento sulla salute umana è uno dei temi più inquietanti e spesso sottovalutati del nostro tempo. Se per anni l'umanità ha potuto illudersi che le montagne di rifiuti prodotte quotidianamente potessero semplicemente "sparire" una volta gettate, oggi è evidente che quei rifiuti non solo non scompaiono, ma tornano. Tornano sotto forma di aria irrespirabile, acqua contaminata, alimenti alterati, terreni sterili. Tornano come malattie croniche, disturbi metabolici, danni neurologici. Tornano silenziosi, invisibili, ma profondamente radicati nel nostro corpo.

I rifiuti plastici, ad esempio, non si degradano completamente, ma si frammentano in micro e nanoplastiche che finiscono nell'acqua potabile, nei mari, negli alimenti. Diversi studi hanno dimostrato che queste particelle vengono ingerite ogni giorno dall'uomo attraverso acqua, sale marino, birra, frutti di mare e persino frutta e verdura. Una volta entrate nel corpo umano, le microplastiche possono attraversare le barriere cellulari, penetrare nei tessuti e causare infiammazioni croniche. Alcuni additivi della plastica, come il bisfenolo A (BPA) o i ftalati, sono interferenti endocrini noti: alterano il sistema ormonale e sono associati a infertilità, pubertà precoce, obesità, diabete e cancro.

Le sostanze per- e polifluoroalchiliche (PFAS), chiamate anche "inquinanti eterni", sono usate in centinaia di prodotti di uso quotidiano — dai rivestimenti antiaderenti alle schiume antincendio — e resistono alla degradazione per decenni. Si accumulano nell'organismo umano e sono state correlate a malattie tiroidee, riduzione della risposta immunitaria, colesterolo alto e alcuni tipi di cancro, come quello al rene e ai testicoli. In molte zone d'Italia, come il Veneto, l'inquinamento da PFAS ha causato emergenze sanitarie che coinvolgono migliaia di persone, con conseguenze ancora oggi sotto studio.

Ma non sono solo le sostanze chimiche a rappresentare una minaccia. L'inquinamento atmosferico, dovuto principalmente a trasporti, industrie e inceneritori, è responsabile ogni anno di milioni di morti premature nel mondo. Le polveri sottili (PM2.5), l'ozono troposferico, il biossido di azoto e altri inquinanti dell'aria penetrano nei polmoni, entrano nel sangue e colpiscono cuore, cervello, fegato e reni. L'esposizione prolungata a questi agenti è collegata a malattie cardiovascolari, ictus, Alzheimer, broncopneumopatie croniche, asma e persino depressione. I bambini sono tra i più vulnerabili: la loro maggiore frequenza respiratoria e lo sviluppo ancora in corso li rendono più suscettibili ai danni permanenti causati da un'aria contaminata.

L'inquinamento del suolo e delle falde acquifere, spesso provocato da discariche abusive o da sversamenti industriali, porta sostanze tossiche direttamente nelle coltivazioni e nei pozzi da cui molte comunità rurali si approvvigionano. Metalli pesanti come piombo, arsenico, mercurio e cadmio si accumulano nella catena alimentare e possono provocare danni cerebrali nei bambini, problemi renali, tumori e patologie dello sviluppo. Le aree intorno a vecchie discariche o a siti industriali non bonificati sono oggi, in molti casi, zone con incidenza tumorale anomala, come dimostrano le indagini condotte nella Terra dei Fuochi in Campania e in altre "aree a rischio" italiane ed europee.

Infine, l'impatto psicologico dell'inquinamento ambientale non è da sottovalutare. L'esposizione continua a paesaggi degradati, all'odore dei rifiuti, alla consapevolezza di vivere in ambienti malsani può generare ansia, stress, senso di impotenza. In alcune popolazioni, si osservano veri e propri disturbi legati all'ambiente, come la "solastalgia", un tipo di nostalgia e dolore emotivo per la perdita del proprio ambiente naturale.

Ogni rifiuto, quindi, può essere visto come un boomerang tossico. Il sacchetto di plastica lasciato sulla spiaggia, l'olio esausto gettato nello scarico, la batteria dimenticata nei boschi non spariscono: diventano invisibili solo per un tempo, poi tornano. Tornano nei nostri corpi, nei polmoni dei nostri figli, nel latte delle madri, nei pesci che mangiamo. Capire questa connessione, profonda e ineludibile, è il primo passo per affrontare la crisi ambientale come una crisi di salute pubblica. Perché l'ambiente non è qualcosa di esterno: è ciò che ci circonda, ci attraversa, ci forma. Proteggerlo è proteggere noi stessi.

L'inquinamento ambientale colpisce l'uomo in modo sistemico, spesso senza sintomi immediati, ma con conseguenze che si accumulano nel tempo e si manifestano in forme croniche, silenziose, difficili da curare. La correlazione tra l'esposizione a rifiuti e l'insorgenza di patologie è sostenuta da una mole crescente di studi epidemiologici, che mostrano come le popolazioni esposte a determinati inquinanti ambientali siano più soggette a sviluppare malattie gravi, anche in giovane età. Uno degli aspetti più subdoli è che queste esposizioni iniziano spesso già nel grembo materno: diversi composti tossici sono in grado di attraversare la placenta e alterare lo sviluppo fetale, predisponendo il neonato a disturbi metabolici, immunologici e neurologici fin dalla nascita.

Un altro campo di crescente preoccupazione riguarda la fertilità maschile e femminile. L'esposizione a interferenti endocrini, come le diossine, i PCB, i ftalati e altri composti organici persistenti (POP), ha dimostrato di alterare la produzione di spermatozoi, ridurre la qualità ovocitaria e abbassare i livelli di ormoni sessuali. In alcune aree industriali europee, i tassi di fertilità sono crollati in concomitanza con un'elevata presenza di queste sostanze nell'ambiente. Gli stessi composti sono stati ritrovati nel liquido seminale, nel liquido amniotico, nel latte materno. Questo significa che l'inquinamento non colpisce solo chi lo ha prodotto, ma attraversa le generazioni, lasciando una scia biologica nelle cellule riproduttive e nei tessuti neonatali.

Sul fronte respiratorio, i rifiuti bruciati all'aperto — specialmente nelle periferie urbane, in alcune zone rurali e nelle discariche abusive — sprigionano composti estremamente pericolosi: benzene, formaldeide, ossidi di azoto, idrocarburi policiclici aromatici (IPA). Questi inquinanti, una volta inalati, non solo aumentano il rischio di tumori polmonari, ma aggravano malattie preesistenti come bronchiti croniche, enfisemi, asma e fibrosi polmonari. Nei bambini, queste esposizioni possono compromettere in modo permanente la funzionalità respiratoria, predisponendoli a disturbi immunitari e cardiaci.

Una componente particolarmente problematica è rappresentata dalla contaminazione alimentare. Quando i terreni sono impregnati di metalli pesanti o pesticidi non degradabili, le piante assorbono queste sostanze. Frutta, verdura, cereali e legumi coltivati in zone contaminate possono contenere livelli elevati di cadmio, arsenico, mercurio e altri composti tossici. Gli animali da allevamento nutriti con foraggi contaminati o che bevono da pozzi inquinati accumulano queste sostanze nei tessuti adiposi, nel fegato, nei reni. La carne, il latte, le uova e i derivati animali diventano così vettori di contaminazione per l'uomo, spesso senza alcuna alterazione evidente del gusto o dell'odore.

Anche il contatto cutaneo rappresenta una via di esposizione. In molte aree urbane, i parchi pubblici e i cortili scolastici sono situati in prossimità di ex siti industriali o discariche dismesse, non sempre bonificati in modo adeguato. I bambini che giocano su questi terreni entrano in contatto diretto con polveri contaminate, che possono penetrare nella pelle o venire inalate. È stato dimostrato che il semplice gioco all'aperto in alcune zone può aumentare la concentrazione di metalli pesanti nel sangue e nelle urine dei bambini.

Le implicazioni neurologiche sono altrettanto allarmanti. L'esposizione cronica a solventi industriali, pesticidi organofosforici, mercurio e piombo è associata a disturbi cognitivi, ritardi nello sviluppo, difficoltà di apprendimento e incremento del rischio di malattie neurodegenerative come Alzheimer e Parkinson. Gli studi condotti su lavoratori esposti in ambito agricolo e industriale hanno confermato un'incidenza significativamente più alta di questi disturbi rispetto alla media. Ma anche le persone comuni, non direttamente coinvolte in tali attività, subiscono gli effetti degli inquinanti attraverso l'aria, l'acqua e l'alimentazione.

In alcuni casi, gli effetti sono più acuti e immediati. Le popolazioni che vivono in prossimità di discariche abusive o impianti di incenerimento hanno registrato picchi di leucemie infantili, linfomi non-Hodgkin, tumori epatici e pancreatici. I dati dell'Istituto Superiore di Sanità, in Italia, e quelli di centri di ricerca internazionali come l'OMS e l'EPA (Environmental

Protection Agency) americana, confermano l'esistenza di correlazioni statisticamente significative tra inquinamento da rifiuti e patologie oncologiche in alcune zone a rischio, come Priolo in Sicilia, Taranto in Puglia, Marghera in Veneto, ma anche molte città europee e asiatiche densamente industrializzate.

A rendere ancora più complicata la questione vi è la sinergia tra più inquinanti. Un individuo non è mai esposto a una sola sostanza tossica, ma a una miscela complessa, spesso non studiata a fondo. Gli effetti combinati — cosiddetti "effetti cocktail" — possono potenziarsi a vicenda e creare reazioni imprevedibili nel corpo umano, aggravando il rischio di malattie croniche. La scienza medica fatica a tenere il passo con la velocità e la varietà delle nuove molecole chimiche introdotte nell'ambiente, molte delle quali non sono mai state testate adeguatamente sugli esseri umani.

In questo panorama, emerge con forza la necessità di una medicina ambientale più capillare, che sappia riconoscere i segnali precoci dell'inquinamento nella salute delle persone. Oggi, le patologie ambientali sono spesso sottovalutate, mal diagnosticate o confuse con cause genetiche o comportamentali. Solo una maggiore integrazione tra scienza, politica e coscienza collettiva potrà invertire questa tendenza. L'uomo, creatore del rifiuto, ne è anche la prima vittima. E questa consapevolezza deve trasformarsi in un motore di cambiamento.

Le conseguenze dell'inquinamento ambientale sulla salute umana non si limitano alle patologie più gravi e visibili, ma si estendono in profondità nel funzionamento quotidiano dell'organismo, compromettendo i delicati equilibri che regolano il sistema immunitario, il sistema endocrino e quello neurologico. Le sostanze presenti nei rifiuti – specialmente quelle invisibili, volatili, persistenti – non seguono un percorso unico e diretto, ma si infiltrano nei tessuti in modo trasversale, accumulandosi nel tempo e interferendo con la comunicazione cellulare. Alcune di esse imitano ormoni naturali, come gli estrogeni o la tiroxina, alterando il ciclo mestruale, la crescita, l'umore, la libido, la regolazione del sonno e persino la percezione del pericolo o della fame.

In questo contesto, si assiste all'aumento di malattie autoimmuni, dove il corpo inizia ad attaccare se stesso. La sclerosi multipla, la tiroidite di Hashimoto, il lupus eritematoso sistemico, il diabete di tipo 1 sono solo alcune delle patologie in espansione che, secondo numerosi studi, potrebbero essere influenzate da esposizioni ambientali a metalli pesanti o interferenti endocrini. L'esposizione precoce a queste sostanze, in età fetale o nei primi anni di vita, è particolarmente pericolosa, perché il sistema immunitario è ancora in fase di formazione e può essere programmato in modo anomalo, predisponendo l'individuo a una maggiore reattività immunologica in età adulta.

Un altro elemento spesso trascurato riguarda la salute mentale. L'inquinamento atmosferico, ad esempio, è stato correlato a un aumento dei disturbi depressivi, dell'ansia, della schizofrenia e del declino cognitivo precoce. Le particelle ultrafini, come il PM2.5 e il PM0.1, sono in grado di attraversare la barriera ematoencefalica e raggiungere direttamente il cervello, causando infiammazioni neuronali e alterando la produzione di neurotrasmettitori. In città molto inquinate, i tassi di suicidio risultano significativamente più alti nei giorni di maggiore concentrazione di particolato nell'aria, segno di un legame profondo e sistemico tra l'ambiente e lo stato psichico umano.

L'inquinamento può anche alterare il microbiota intestinale, l'ecosistema di miliardi di batteri che vive nel nostro apparato digerente e che svolge un ruolo chiave nella digestione, nella produzione di vitamine, nel sistema immunitario e nella regolazione dell'umore. Alcuni pesticidi, conservanti e metalli pesanti presenti nei rifiuti industriali possono danneggiare questo ecosistema, riducendone la diversità e aprendo la strada a infiammazioni croniche, sindrome dell'intestino irritabile, obesità e malattie metaboliche come il diabete di tipo 2.

Le fasce più vulnerabili della popolazione sono le più colpite. I bambini, con il loro metabolismo rapido, i loro organi in crescita e la maggiore esposizione comportamentale (giocano all'aperto, mettono le mani in bocca, respirano più aria in proporzione al loro peso corporeo), sono estremamente sensibili alle sostanze tossiche ambientali. Anche gli anziani, spesso già indeboliti da patologie pregresse o da una fisiologica riduzione delle difese immunitarie, risentono maggiormente degli effetti dell'inquinamento, che può accelerare la progressione di malattie cardiovascolari, respiratorie o neurodegenerative.

Le donne incinte rappresentano un'altra categoria ad alto rischio: l'esposizione a sostanze chimiche tossiche durante la gravidanza può provocare aborti spontanei, parti prematuri, basso peso alla nascita, malformazioni congenite e alterazioni epigenetiche che possono influenzare la salute del bambino anche a distanza di decenni. Alcuni studi hanno persino evidenziato come l'inquinamento atmosferico possa modificare la lunghezza dei telomeri nei neonati, una sorta di "orologio biologico" che regola l'invecchiamento cellulare.

A livello cardiovascolare, le nanoparticelle di origine industriale o derivanti dalla combustione di rifiuti possono penetrare nel sangue e innescare una risposta infiammatoria sistemica che contribuisce alla formazione di placche aterosclerotiche, aumentando il rischio di infarto, ictus e ipertensione. Anche la coagulazione del sangue può essere alterata, predisponendo l'organismo alla formazione di trombi e emboli. L'inquinamento atmosferico è oggi considerato uno dei principali fattori di rischio ambientale per le malattie cardiache, al pari del fumo e della sedentarietà.

Inoltre, il fegato e i reni – gli organi principali deputati alla detossificazione – sono sotto costante assalto. L'accumulo di sostanze chimiche, come il cloruro di vinile, i solventi organici o i composti perfluorurati, può provocare epatiti chimiche, fibrosi epatica, insufficienza renale e, in casi estremi, lo sviluppo di tumori epatici e renali. Poiché molte di queste sostanze sono lipofile (si accumulano nei grassi), tendono a restare a lungo nell'organismo umano, rendendo difficile ogni tentativo di disintossicazione naturale.

Va anche ricordato l'impatto indiretto dell'inquinamento sull'accesso ai servizi sanitari. In aree densamente inquinate e socialmente svantaggiate, l'incidenza delle malattie è maggiore, ma spesso mancano strutture sanitarie adeguate, medici formati in medicina ambientale, risorse per screening precoci o campagne di prevenzione. Ciò contribuisce ad accentuare le disuguaglianze sanitarie e crea un circolo vizioso: più inquinamento, più malattie, meno cure, più vulnerabilità.

Infine, vi è il problema della disinformazione e della sottovalutazione: molte persone non sono consapevoli del legame tra i rifiuti e la propria salute. I sintomi di un'esposizione cronica – stanchezza persistente, disturbi ormonali, problemi digestivi, cefalee ricorrenti – vengono spesso attribuiti allo stress o a cause generiche, mentre dietro potrebbero esserci contaminanti ambientali invisibili ma presenti nella quotidianità. In questo modo, il rifiuto ritorna all'uomo non solo sotto forma di malattia, ma anche di ignoranza e impotenza, rendendo ancora più urgente una consapevolezza collettiva basata su informazione, prevenzione e giustizia ambientale.

L'effetto dell'inquinamento derivante dai rifiuti sulla salute umana si manifesta anche a livello cellulare, con conseguenze spesso subdole e cumulative che passano inosservate per anni. Molti contaminanti ambientali, come i PCB (policlorobifenili), le diossine, i pesticidi e i ritardanti di fiamma, agiscono come **interferenti epigenetici**, cioè non modificano il DNA direttamente ma ne alterano l'espressione. Questo significa che una persona può essere esposta a una sostanza chimica senza sviluppare sintomi evidenti nell'immediato, ma trasmettere al proprio figlio – o addirittura al nipote – una predisposizione a malattie metaboliche, neurodegenerative o tumorali. Gli studi sull'epigenetica ambientale stanno dimostrando come l'esposizione prenatale a inquinanti possa influenzare lo sviluppo neurologico del feto, portando a disturbi come l'autismo, l'ADHD, o ritardi cognitivi che emergono durante l'infanzia.

Le conseguenze sistemiche dell'inquinamento si estendono anche all'ambito endocrinologico. Sostanze come i ftalati (presenti in moltissimi oggetti di plastica) e il bisfenolo A (BPA), ancora oggi utilizzato in molti contenitori alimentari e bottiglie, hanno un'azione simile a quella degli estrogeni. La loro presenza nel corpo può portare a una **femminilizzazione dei maschi** e a **pubertà precoce nelle femmine**, nonché a una crescente incidenza di problemi di fertilità, disfunzione erettile, endometriosi, cisti ovariche e tumori sensibili agli ormoni come quello al seno, all'utero e alla prostata.

Oltre al sistema endocrino, l'apparato respiratorio è uno dei bersagli principali. L'inalazione di particolato fine, ozono troposferico, monossido di carbonio e altre sostanze derivate da inceneritori, traffico e combustione di rifiuti, può infiammare le vie aeree, provocare **bronchiti croniche**, **asma**, **BPCO (broncopneumopatia cronica ostruttiva)** e aumentare la suscettibilità a infezioni respiratorie. I bambini che vivono in aree fortemente inquinate mostrano una capacità polmonare ridotta, che li accompagnerà per tutta la vita. La situazione si aggrava nei mesi più caldi, quando l'ozono a bassa quota si concentra nelle aree urbane e provoca un incremento dei ricoveri ospedalieri per attacchi d'asma e problemi cardiovascolari.

Ma non si tratta solo di ambienti urbani. Anche in aree rurali, dove si potrebbe pensare che l'aria sia più pulita, i pesticidi e gli erbicidi usati in agricoltura si disperdono nell'atmosfera e contaminano i polmoni, la pelle e il sangue delle persone che vivono nei pressi dei campi trattati. Gli agricoltori e i loro figli sono spesso esposti a livelli elevati di sostanze neurotossiche che possono provocare **Parkinson precoce**, **disturbi dell'apprendimento** e, in alcuni casi, gravi **malattie degenerative**.

Esiste poi una crescente preoccupazione per la **contaminazione alimentare**: i rifiuti tossici sepolti o dispersi nei mari entrano nella catena alimentare. I metalli pesanti come il **mercurio**, il **piombo** e il **cadmio** si accumulano nei pesci e nei frutti di mare, che poi finiscono sulle nostre tavole. Ingerirli costantemente, anche in piccole dosi, può danneggiare il cervello, il cuore, i reni e il sistema immunitario. In particolare, il mercurio metilico è devastante per il cervello in sviluppo e, se assunto da donne in gravidanza, può compromettere la crescita neurale del feto, causando **deficit cognitivi permanenti**.

Un altro aspetto spesso trascurato riguarda **l'esposizione cutanea**. I lavoratori impiegati nella raccolta dei rifiuti, nella gestione delle discariche, negli impianti di incenerimento o nei centri di riciclaggio sono quotidianamente a contatto con sostanze tossiche che possono essere assorbite attraverso la pelle. Questo tipo di esposizione cronica è stato collegato a dermatiti, allergie, mutazioni cellulari e, in alcuni casi, a tumori cutanei.

La crescente digitalizzazione del mondo ha creato una nuova categoria di rifiuti: **l'e-waste**, cioè i rifiuti elettronici. Cellulari, computer, tablet, batterie, elettrodomestici contengono sostanze pericolosissime, come arsenico, piombo, cadmio e solventi industriali. Nei paesi in via di sviluppo, dove questi rifiuti vengono spesso esportati illegalmente e smontati a mano in condizioni precarie, le comunità locali pagano un prezzo altissimo in termini di salute. I bambini che crescono in queste aree sono esposti a livelli elevatissimi di contaminanti: soffrono di malnutrizione, ritardi nella crescita, malattie respiratorie e disturbi dello sviluppo mentale, il tutto aggravato dalla povertà e dalla mancanza di assistenza sanitaria.

Anche **le acque potabili** non sono immuni. Le infiltrazioni provenienti da discariche abusive o mal gestite portano sostanze tossiche nelle falde acquifere e, se non adeguatamente filtrate, queste sostanze finiscono nei rubinetti delle case. Nitrati, nitriti, solventi, metalli pesanti, PFAS: la lista dei contaminanti è lunga e crescente. E quando entrano nel corpo umano, si comportano come **"veleni a rilascio lento"**, danneggiando fegato, reni, sistema nervoso e riproduttivo con effetti che possono comparire anche dopo decenni.

Infine, le sostanze chimiche contenute nei rifiuti possono alterare la **biodisponibilità dei nutrienti** negli alimenti. Se il terreno è contaminato da metalli pesanti o da pesticidi persistenti, le piante assorbono queste sostanze e ne riducono l'assorbimento di minerali essenziali come ferro, zinco, magnesio. Questo porta a carenze nutrizionali latenti nella popolazione, soprattutto tra i bambini e gli anziani, rendendo l'organismo più vulnerabile a malattie e infezioni.

Questa complessa rete di cause ed effetti rende evidente che il problema dei rifiuti non è solo una questione estetica o ambientale, ma un'emergenza sanitaria globale, invisibile, silenziosa e pervasiva, che mina alla base la qualità e la durata della vita umana. E mentre il corpo continua a ricevere messaggi tossici dall'ambiente, la nostra ignoranza o indifferenza nei confronti del ciclo del rifiuto non fa che amplificare i danni, colpendo soprattutto i più deboli, i più poveri, i più giovani.

Concludere il punto sull'inquinamento e le sue conseguenze sulla salute umana significa fare i conti con una realtà cruda, scientificamente documentata e in costante peggioramento, in cui l'impatto dei rifiuti non si ferma al paesaggio deturpato o alla morte degli animali, ma penetra nel nostro organismo, diventando parte invisibile della nostra quotidianità biologica. L'uomo, nel tentativo di allontanare ciò che scarta, si è illuso di poter rendere inoffensivi i rifiuti, seppellendoli, bruciandoli o disperdendoli lontano dagli occhi. Ma ciò che si è creduto separato ritorna con forza sotto forma di malattie croniche, disturbi dello sviluppo, patologie neurodegenerative e tumori che aumentano in incidenza anche in età sempre più precoce.

La **bioaccumulazione** e la **biomagnificazione** sono meccanismi chiave di questa tragedia: le sostanze tossiche non si degradano facilmente e si accumulano nei tessuti viventi, salendo nella catena alimentare fino ad arrivare a noi. Le evidenze scientifiche indicano che metalli pesanti, PFAS, microplastiche, solventi e pesticidi interferiscono con il corretto funzionamento di organi vitali come il fegato, i reni, i polmoni e il cervello, e danneggiano in modo irreversibile il sistema ormonale e riproduttivo.

L'esposizione non è uniforme: alcune categorie della popolazione risultano più vulnerabili. I **bambini**, ad esempio, hanno una capacità di metabolizzazione inferiore, un sistema immunitario ancora in sviluppo e comportamenti (come mettere le mani in bocca) che li espongono di più. Gli **anziani**, già indeboliti da processi degenerativi, assorbono tossine in modo più acuto. Le **donne in gravidanza** trasmettono involontariamente al feto ciò che il corpo materno assorbe, mettendo a rischio la salute del nascituro. I **lavoratori** del settore dei rifiuti, della raccolta differenziata, del riciclo informale o dell'agricoltura intensiva sono tra i più esposti a inalazioni, contatti o assorbimenti cutanei continui. Le **comunità svantaggiate**, spesso costrette a vivere vicino a discariche, inceneritori o siti contaminati, pagano un prezzo ambientale e sanitario sproporzionato.

Le statistiche parlano chiaro: l'incidenza di **tumori rari nei bambini**, l'aumento di **infertilità idiopatica**, l'incremento delle **malattie autoimmuni**, i casi di **asma cronica infantile**, i disturbi cognitivi e comportamentali in età scolare sono solo alcuni dei segnali di allarme. Alcune zone del mondo, come le cosiddette "terre dei fuochi", sono diventate laboratori tragici dell'interazione tra inquinamento e malattia, mostrando come le scelte ambientali e industriali influiscano direttamente sulla salute pubblica.

Tutto questo accade mentre i rifiuti si moltiplicano a ritmo esponenziale, alimentati da un sistema produttivo lineare e da una cultura dell'usa-e-getta che genera tonnellate di materiali inquinanti ogni giorno. La consapevolezza individuale è ancora troppo bassa, le leggi insufficienti, i controlli carenti e gli interessi economici troppo forti per consentire una svolta rapida e radicale.

Concludendo, **l'inquinamento ambientale non è un problema distante, ma un'emergenza biologica intima**. I rifiuti non restano dove li abbandoniamo: diventano aria, acqua, cibo, tessuto, sangue. Sono dentro di noi, modificano i nostri ormoni, la nostra fertilità, la nostra longevità. Ogni gesto inconsapevole di consumo e smaltimento ha una conseguenza sanitaria, sociale e intergenerazionale. Combattere l'inquinamento significa quindi tutelare non solo l'ambiente, ma la salute di ogni essere umano, oggi e domani. Senza questa consapevolezza, continueremo a vivere in un mondo in cui la malattia sarà la naturale conseguenza del nostro stesso modo di vivere.

9. Il Tempo della Terra: Quanto impiega un rifiuto a sparire? Tempi di decomposizione di plastica, vetro, metallo, tessuti, elettronica.

Ogni oggetto che scartiamo inizia un viaggio silenzioso attraverso il tempo, un tempo che non si misura in ore o giorni, ma in decenni, secoli, e in alcuni casi millenni. La decomposizione dei rifiuti non è solo un fatto materiale, ma anche un racconto geologico che imprime tracce nel suolo, nell'acqua, nell'aria. Comprendere quanto tempo impiega un rifiuto a sparire significa interrogarsi sulla nostra impronta nel pianeta e su quanto la nostra presenza continui a farsi sentire ben oltre la nostra vita.

La **plastica** è uno dei simboli di questa resistenza temporale. Le bottiglie in PET, che usiamo quotidianamente per pochi minuti, possono impiegare **fino a 450 anni** per degradarsi. Le buste di plastica, apparentemente leggere e fragili, richiedono **10-20 anni**, ma non scompaiono mai del tutto: si frammentano in **microplastiche** che resistono ancora più a lungo. Gli spazzolini da denti, realizzati con plastiche dure, possono sopravvivere **oltre 500 anni**, mentre i filtri delle sigarette – composti da acetato di cellulosa – impiegano **tra i 10 e i 15 anni**, tutto per il breve gesto di un singolo tiro.

Il **vetro**, al contrario, non si decompone affatto nei tempi umani: una bottiglia di vetro gettata nell'ambiente può richiedere **più di 4.000 anni** per frantumarsi naturalmente. Tuttavia, il vetro è infinitamente riciclabile, se correttamente recuperato. Ciò lo rende un materiale paradossale: eterno se abbandonato, ma sostenibile se gestito con intelligenza.

I **metalli**, come l'alluminio delle lattine o l'acciaio degli imballaggi, sono soggetti a ossidazione e corrosione, ma impiegano comunque **da 80 a 200 anni** per decomporsi. Le lattine di alluminio, gettate in mare o nella terra, possono resistere per oltre due secoli, mentre i tappi delle bottiglie e i contenitori metallici arrugginiti continuano a incidere sull'ambiente ben oltre la nostra memoria.

I **tessuti**, spesso considerati innocui, mostrano una duplice faccia. I materiali naturali come cotone, lino e lana, se non trattati chimicamente, possono decomporsi in **mesi o pochi anni**. Tuttavia, i capi d'abbigliamento moderni sono spesso miscele di fibre sintetiche – come il poliestere, il nylon e l'elastan – che possono durare **fino a 200 anni** nell'ambiente. I jeans, per esempio, spesso realizzati con misto cotone e poliestere, si decompongono solo parzialmente, lasciando residui microplastici nel terreno.

I **rifiuti elettronici**, o e-waste, sono tra i più insidiosi. Smartphone, televisori, computer contengono materiali plastici, metalli pesanti, batterie al litio, schede e componenti chimici altamente tossici. Un telefono cellulare può richiedere **fino a 1.000 anni** per scomparire del tutto, mentre una batteria al piombo rilascia lentamente le sue sostanze per decenni, avvelenando acqua e suolo. Anche gli elettrodomestici più piccoli – come un mouse o un telecomando – sono composti da materiali indistruttibili nel breve termine. Questi oggetti, spesso dimenticati in qualche cassetto o abbandonati in discariche abusive, rappresentano una minaccia silenziosa ma persistente.

Anche i **materiali compostabili** o biodegradabili possono trarre in inganno. Una buccia di banana o una foglia impiegano **da qualche settimana a pochi mesi** a scomparire in natura, ma solo in condizioni ideali di umidità, calore e presenza di microbi. In ambienti aridi o privi di ossigeno – come le discariche profonde – anche i rifiuti organici possono rimanere intatti per anni, senza mai iniziare il loro processo di decomposizione.

Esistono poi oggetti insospettabili, come le gomme da masticare, composte da polimeri sintetici, che possono resistere **fino a 5 anni**, o i pannolini usa e getta, costituiti da una combinazione di plastica e gel superassorbenti, che possono impiegare **più di 500 anni** a sparire del tutto. Ogni singolo pannolino di un neonato è quindi una testimonianza di lunga durata che rimane nel suolo o nell'acqua, rilasciando microplastiche e sostanze chimiche nel tempo.

E ancora ci sono gli **strumenti sanitari monouso**, diventati simboli della contemporaneità, come mascherine, guanti, siringhe e flaconi di disinfettante. La pandemia ha amplificato il problema dei rifiuti medicali, molti dei quali non sono biodegradabili e vengono smaltiti senza controllo, finendo nei mari o seppelliti in discariche improvvisate, con tempi di decomposizione che variano dai **cento ai cinquecento anni**, a seconda dei materiali.

Anche i **imballaggi alimentari**, apparentemente innocui, contribuiscono al problema. Le confezioni in tetrapak, composte da strati incollati di plastica, alluminio e carta, sono difficili da separare e richiedono processi di riciclo industriali complessi. Se dispersi nell'ambiente, possono impiegare **tra i 25 e i 100 anni** per rompersi in frammenti, ma non scompaiono mai completamente.

Questi tempi di decomposizione devono essere letti con attenzione, poiché sono indicativi e dipendono da numerosi fattori ambientali: esposizione al sole, umidità, presenza di ossigeno, attività microbica, temperatura, acidità del suolo. In ambienti naturali degradati, come i deserti, le montagne o i fondali marini, il processo può essere notevolmente rallentato, trasformando ciò che gettiamo oggi in un **fossile artificiale del futuro**.

Un altro elemento importante da considerare quando si parla del tempo di decomposizione dei rifiuti è il **contesto climatico e geografico** in cui essi vengono abbandonati. Un rifiuto lasciato in un ambiente marino, per esempio, si comporta in modo completamente diverso rispetto a uno lasciato in un bosco, in una discarica sotterranea, in cima a una montagna o in un deserto. L'azione dell'acqua salata, del vento, dei raggi ultravioletti, degli organismi decompositori e dei cicli termici annuali influisce profondamente sul ritmo della degradazione. Tuttavia, in molti casi, questi stessi agenti naturali non accelerano la decomposizione, ma frammentano semplicemente il materiale, rendendolo meno visibile ma ancora presente e pericoloso.

Un esempio emblematico sono i **reti da pesca in nylon**, spesso abbandonati nei fondali marini o dispersi negli oceani. Queste reti, note come "ghost nets", continuano per anni a intrappolare pesci, tartarughe, cetacei e uccelli marini. Il nylon, essendo un polimero sintetico, impiega **tra i 500 e i 600 anni** per degradarsi. La rete, nel frattempo, si sfibra lentamente, rilasciando **microplastiche** e frammenti che diventano invisibili all'occhio umano ma non alla catena alimentare. Così, ciò che sembrava un gesto "invisibile" – gettare una rete o perderla in mare – si trasforma in un ciclo continuo di contaminazione ambientale che può estendersi per generazioni.

Altri rifiuti più recenti e diffusi, come le **capsule del caffè**, sono composti da combinazioni di plastica, alluminio e materiali organici. A seconda del tipo e del produttore, una singola capsula può impiegare **da 150 a 500 anni** a decomporsi, a meno che non venga separata e riciclata correttamente, operazione che richiede però tempo, impegno e infrastrutture adeguate. Anche quando dichiarate "compostabili", molte capsule lo sono solo in impianti industriali, non certo nel compost domestico o nel terreno comune.

I **palloncini** – spesso lasciati volare in cielo in occasione di feste o eventi – ricadono dopo qualche ora in foreste, mari, campi coltivati. Realizzati in lattice trattato o materiali plastici, impiegano **da 2 a 20 anni** per degradarsi, ma durante questo tempo rappresentano una trappola letale per gli animali selvatici che li scambiano per cibo o vi rimangono impigliati. Anche le cannucce, i bicchieri e le posate monouso in plastica – tanto utilizzati quanto trascurati – restano nell'ambiente **per oltre 200 anni**, frammentandosi in particelle microscopiche che arrivano fino alla placenta umana e al latte materno, secondo ricerche recenti.

Un'altra categoria di rifiuti poco discussa ma estremamente persistente è quella dei **materiali da costruzione**. Cemento, calcestruzzo, asfalti, mattoni trattati chimicamente, pannelli isolanti in poliuretano e guaine impermeabili resistono **oltre i 1.000 anni** senza decomporsi, spesso rimanendo inglobati nel suolo o nei sedimenti. In caso di demolizioni non controllate o abbandono di strutture edilizie, questi materiali rilasciano **amianto, piombo, arsenico** e altri contaminanti che possono penetrare nei corsi d'acqua e nella catena alimentare.

Persino i **cosmetici** e i **prodotti per la cura personale** generano rifiuti a lunga durata. I contenitori di shampoo, deodoranti, dentifrici e rasoi usa e getta sono realizzati in materiali plastici o misti non sempre facilmente riciclabili. I cotton fioc con bastoncino in plastica, banditi in alcuni paesi ma ancora in circolazione altrove, impiegano **tra i 300 e i 400 anni** per scomparire, e nel frattempo si accumulano nei fiumi, sulle spiagge e nei letti marini.

I **giocattoli di plastica**, spesso dimenticati nei parchi, nei cortili o gettati via dopo brevi periodi di utilizzo, sono anch'essi resistenti. Composti da plastiche dure, vernici chimiche e talvolta componenti elettronici, sopravvivono **per secoli**. Un piccolo giocattolo rotto può finire in una discarica o su una spiaggia remota e, nonostante le intemperie, restare riconoscibile anche dopo **centinaia di anni**, trasformandosi da oggetto di svago a minaccia permanente per gli ecosistemi.

Nel caso dei **materiali sanitari assorbenti**, come gli assorbenti igienici e i tamponi, la composizione multistrato di cotone, plastica e adesivi fa sì che il processo di degradazione duri **fino a 500 anni**, e molto spesso questi prodotti vengono inceneriti o abbandonati, generando ulteriori problemi ambientali, sia in termini di rilascio di diossine che di accumulo nei corsi d'acqua.

Un altro esempio di rifiuto "eterno" è rappresentato dai **pneumatici**, composti da miscele di gomma, metalli e fibre sintetiche. Un singolo pneumatico può impiegare **oltre 1.000 anni** per sparire completamente, e nel frattempo può bruciare accidentalmente in discariche illegali, liberando **idrocarburi aromatici policiclici (PAH)** nell'atmosfera, oppure scomporsi in **polveri sottili** che contaminano suoli e falde.

Anche i **rifiuti delle sigarette elettroniche**, come le cartucce esauste e le batterie al litio, rappresentano una nuova frontiera della spazzatura duratura. Le cartucce, se non smaltite correttamente, si accumulano in parchi, strade e corsi d'acqua, rilasciando **nicotina residua, metalli pesanti e composti tossici**. La degradazione di questi materiali può richiedere **centinaia di anni**, contribuendo a un inquinamento chimico subdolo e costante.

Oltre ai rifiuti più conosciuti come plastica, vetro e metallo, esistono materiali meno noti ma altrettanto persistenti, come i **pannelli fotovoltaici dismessi**, le **pale eoliche** fuori uso e le **batterie dei veicoli elettrici**. Questi elementi, pur appartenendo al mondo delle energie rinnovabili, pongono una sfida ambientale crescente, perché i materiali di cui sono composti – silicio, metalli rari, vetro speciale, resine e composti polimerici – possono impiegare **oltre 500 anni** a degradarsi se non vengono correttamente trattati nei pochi impianti di riciclo specializzati. Un pannello solare abbandonato nel terreno può comportarsi come una lastra impermeabile che altera la traspirazione del suolo, e col tempo può anche rilasciare sostanze tossiche come **cadmio e piombo**, danneggiando i microrganismi del sottosuolo e avvelenando le acque.

Le **scarpe da ginnastica**, per esempio, sono tra gli oggetti di uso quotidiano che rimangono più a lungo nell'ambiente. Composte da un misto di materiali sintetici, schiume poliuretaniche, colle industriali, gomma e tessuti tecnici, possono impiegare **tra i 300 e i 1.000 anni** per decomporsi. Durante questo lungo processo, rilasceranno microplastiche e sostanze chimiche volatili nell'aria o nel terreno. Ogni anno vengono gettati via milioni di paia di scarpe, molte delle quali finiscono in discariche a cielo aperto, spiagge, fiumi o bruciate in forni inadatti, generando diossine.

Un altro aspetto spesso trascurato riguarda i **rifiuti di origine farmaceutica e cosmetica**, come i blister delle medicine, le confezioni di shampoo, le buste dei detersivi monodose. I blister, fatti di alluminio accoppiato con plastica, sono quasi impossibili da separare e riciclare, e possono restare nell'ambiente per **fino a 1.000 anni**, con il rischio di contaminare il suolo e le falde con residui chimici attivi. Anche le salviette umidificate, spesso etichettate erroneamente come "biodegradabili", contengono fibre sintetiche e materiali plastici che si frammentano in microplastiche resistenti, durando **oltre 100 anni** nei sistemi fognari o negli ambienti naturali.

Un caso ancora più complesso è quello degli **impianti elettronici**, come smartphone, tablet, computer, stampanti e televisori. Questi oggetti, detti **RAEE** (Rifiuti di Apparecchiature Elettriche ed Elettroniche), contengono materiali altamente inquinanti come **mercurio, piombo, cromo esavalente, litio e cadmio**, oltre a plastiche non riciclabili. Quando abbandonati o gestiti in modo improprio – specialmente nei paesi in via di sviluppo dove spesso vengono "esportati" illegalmente – impiegano **oltre 1.000 anni** per scomparire e, nel frattempo, rilasciano inquinanti nell'aria e nel suolo, danneggiando l'ecosistema e la salute umana.

Persino i **rifiuti tessili** rappresentano una minaccia a lunga durata. Gli abiti prodotti in poliestere, nylon, acrilico e altre fibre sintetiche non si decompongono come i tessuti naturali. Anzi, possono impiegare **tra i 200 e i 500 anni** per degradarsi completamente, e durante il lavaggio rilasciano **microfibre plastiche** nei corsi d'acqua, che poi finiscono negli oceani e nella catena alimentare. Inoltre, molti indumenti contengono tinte chimiche, formaldeide e sostanze ignifughe che, una volta nel suolo o nelle falde, possono alterare la qualità dell'acqua potabile e interferire con la fertilità dei terreni agricoli.

Un altro esempio significativo è costituito dagli **assorbenti per animali domestici**, come lettiere per gatti o tappetini per cani. Questi articoli, spesso a base di silicio o di materiali plastici, vengono smaltiti con i rifiuti indifferenziati e possono richiedere

decenni o secoli per degradarsi. La presenza di urina e feci inoltre aumenta il carico batterico e potenzialmente patogeno del materiale, che spesso finisce negli inceneritori, generando fumi pericolosi, oppure in discariche non impermeabilizzate, con il rischio di inquinamento delle falde.

Anche i **rifiuti da attività agricole** sono tra i più resistenti e trascurati. I teli in plastica usati per la pacciamatura, le reti antigrandine, i contenitori di pesticidi e fertilizzanti, spesso restano abbandonati nei campi o bruciati illegalmente. Il telo per la pacciamatura, realizzato in polietilene nero, può resistere **oltre 500 anni** nel terreno, impedendo la naturale rigenerazione del suolo e intrappolando l'umidità, alterando l'ecosistema microbico. I contenitori dei fitofarmaci, se non risciacquati correttamente e smaltiti in centri autorizzati, rilasciano **residui tossici persistenti** che compromettono l'ambiente circostante per decenni.

Il caso dei **rifiuti spaziali** è ancora più affascinante e preoccupante. I frammenti di satelliti dismessi, stadi di razzi, bulloni e pezzi di pannelli orbitano intorno alla Terra per **centinaia o migliaia di anni**, a seconda dell'altitudine. Alcuni pezzi rimarranno in orbita per **oltre 10.000 anni** prima di cadere nell'atmosfera, con il rischio di collidere con altri satelliti, generare nuove frammentazioni e compromettere le comunicazioni terrestri. Quando rientrano nell'atmosfera, non sempre si disintegrano completamente e alcuni frammenti possono cadere nell'oceano o in zone abitate.

Altri rifiuti la cui longevità ambientale è sottovalutata sono quelli derivati dai **materiali da costruzione** e demolizione, come calcestruzzo, mattoni, asfalto, cartongesso e fibre di amianto. Questi ultimi in particolare rappresentano una minaccia persistente: una singola fibra d'amianto può rimanere attiva nell'ambiente per **più di 100.000 anni**, senza mai decomporsi naturalmente. Quando i materiali edilizi vengono abbandonati illegalmente nei boschi, nei fiumi o sotterrati senza adeguate misure di contenimento, rilasciano nel tempo **particolato fine** e **sostanze alcaline** che alterano il pH del suolo e inquinano le falde.

I **copertoni usati** sono un altro esempio lampante. Realizzati con una miscela di gomma naturale e sintetica, acciaio e fibre tessili, possono impiegare **oltre 2.000 anni** a decomporsi. Quando lasciati all'aperto, esposti al sole e alla pioggia, rilasciano lentamente composti tossici come gli idrocarburi policiclici aromatici (IPA), metalli pesanti come zinco e piombo, e frammenti di microplastiche. Spesso vengono accumulati in discariche illegali o incendiati, producendo fumi densi contenenti diossine e furani che contaminano l'aria, il suolo e persino la catena alimentare se il fumo raggiunge i pascoli o le coltivazioni.

Un altro caso particolarmente insidioso riguarda i **rifiuti dei prodotti monouso del settore sanitario**, come siringhe, guanti in lattice o nitrile, mascherine, camici, flebo e contenitori per medicinali. Durante la pandemia di COVID-19, miliardi di questi articoli sono stati utilizzati in tutto il mondo e spesso smaltiti impropriamente. Le mascherine chirurgiche, per esempio, impiegano **circa 450 anni** a degradarsi e rilasciano microplastiche in acqua dolce e salata. Inoltre, la presenza di fluidi corporei o residui di farmaci aumenta il potenziale tossico e infettivo di questi rifiuti, richiedendo trattamenti specializzati che non sempre vengono applicati correttamente nei paesi con sistemi sanitari deboli.

Anche i **filtri delle sigarette**, apparentemente innocui per dimensioni, sono tra i rifiuti più pericolosi e persistenti. Realizzati in acetato di cellulosa, un tipo di plastica, possono impiegare **fino a 15 anni** per degradarsi, rilasciando nel frattempo più di 4.000 sostanze chimiche tossiche, tra cui nicotina, arsenico, piombo e cianuro. Questi filtri, spesso dispersi nelle strade, nelle spiagge o nei corsi d'acqua, sono ingeriti da uccelli e pesci, causando blocchi intestinali, alterazioni comportamentali e morte.

La categoria dei **rifiuti da stampa e ufficio**, come cartucce per stampanti, toner, penne a sfera e nastri adesivi, merita attenzione. Le cartucce contengono polveri sottili, plastiche tecniche e talvolta metalli pesanti; possono durare **oltre 1.000 anni** nell'ambiente e, se bruciate, sprigionano vapori tossici. Anche le penne a sfera, che spesso finiscono nei rifiuti indifferenziati, contengono componenti in plastica rigida, metallo e inchiostri chimici resistenti all'acqua, la cui decomposizione richiede **tra 100 e 500 anni**, secondo il tipo di materiale.

Nel settore **della cura personale**, prodotti come lamette usa e getta, rasoi in plastica, bastoncini cotonati e spazzolini da denti rappresentano una fetta crescente di rifiuti solidi. Uno spazzolino, composto da manico in plastica rigida, setole in nylon e testina incollata, può durare **tra i 500 e i 1.000 anni**. Considerando che ogni persona ne usa in media 4 all'anno, i numeri diventano impressionanti. I bastoncini cotonati in plastica, banditi in alcuni paesi, continuano a essere prodotti in altri e finiscono spesso in mare, dove si degradano in microplastiche e vengono ingeriti da crostacei e pesci.

Un altro tipo di rifiuto persistente riguarda le **palline da tennis e da golf**, apparentemente inoffensive. Le palline da golf, quando perse nei laghi, nei boschi o in mare, impiegano **fino a 1.000 anni** per degradarsi. Contengono plastica dura, gomma e resine sintetiche, e durante la degradazione rilasciano microplastiche e zinco, un metallo pesante nocivo per molte specie acquatiche. Anche le palline da tennis, sebbene ricoperte di feltro naturale, hanno un nucleo in gomma e materiali sintetici resistenti all'umidità, rendendole persistenti per centinaia di anni nei depositi di rifiuti.

Nel mondo degli **imballaggi alimentari**, le pellicole in PVC o in polipropilene, i contenitori in polistirolo espanso (come quelli per fast food) e i sacchetti multistrato (carta-alluminio-plastica) sono tra i più problematici. I contenitori in polistirolo, ad esempio, sono leggerissimi e si frammentano facilmente in minuscoli pezzi che si disperdono ovunque. Possono durare **oltre 500 anni**, e a causa della loro somiglianza con il plancton vengono spesso ingeriti da uccelli marini e pesci.

Nei sistemi fognari urbani, molti rifiuti finiscono nel cosiddetto **"grasso solido urbano"**, una massa composta da oli usati, grassi da cucina, salviette umidificate, capelli, saponi solidi e prodotti per la pulizia. Queste formazioni, note come **"fatbergs"**, possono pesare diverse tonnellate e ostruire le fognature per anni. Gli elementi che li compongono impiegano **centinaia di anni** per degradarsi e durante questo processo rilasciano sostanze che alterano la flora microbica del sottosuolo e minacciano la potabilità dell'acqua.

Concludere il punto **"Il Tempo della Terra: Quanto impiega un rifiuto a sparire?"** significa rendersi conto che il nostro pianeta è una banca del tempo, ma con un debito ecologico in continuo aumento. Ogni oggetto che produciamo, utilizziamo e poi abbandoniamo non sparisce semplicemente: si trasforma, persiste, si insinua nell'ambiente e continua a interagire, spesso in modo dannoso, con gli ecosistemi naturali e con la nostra stessa salute. L'illusione del "usa e getta" è infatti uno dei grandi inganni del mondo moderno. La verità è che nulla si getta davvero: tutto resta, per anni, decenni, secoli.

Il **tempo di decomposizione** di un rifiuto non è solo un dato scientifico: è un messaggio. È l'indicatore di quanto una società sia capace di gestire la propria produzione, di pensare in termini di lungo periodo, di avere un'etica ambientale fondata sulla responsabilità. Se una bottiglia in PET resiste per oltre 500 anni, se un pannolino resta nel suolo per più di 400 anni, se una gomma da masticare diventa parte della crosta urbana per due secoli, allora stiamo costruendo una **memoria tossica** che la

Terra non riesce a cancellare. E questa memoria viene assorbita nei cicli naturali: acqua, aria, suolo, cibo.

I **tempi lunghissimi di decomposizione** mettono inoltre in crisi le logiche tradizionali dello smaltimento. Le discariche non sono più meri luoghi di stoccaggio temporaneo, ma vere e proprie **capsule del tempo contaminanti**, che custodiranno per generazioni la traccia del nostro consumo. I materiali che non si degradano—come plastica, metalli pesanti, batterie, RAEE (rifiuti da apparecchiature elettriche ed elettroniche)—si accumulano senza sosta. In certi casi, diventano oggetto di una nuova economia, quella del **recupero minerario urbano**, che tenta di estrarre rame, oro, terre rare e altri materiali da rifiuti accumulati per decenni. Ma questo processo, costoso e complesso, dimostra quanto poco lungimiranti siano state le scelte iniziali di produzione e consumo.

Un altro aspetto fondamentale è che il tempo di decomposizione **non è lo stesso in ogni contesto ambientale**. La presenza di luce solare, ossigeno, microrganismi e umidità può accelerare o rallentare enormemente il processo. Ad esempio, un sacchetto di plastica esposto al sole in superficie può fotodegradarsi più rapidamente (pur rilasciando microplastiche), mentre lo stesso oggetto sepolto in una discarica anaerobica può rimanere intatto per secoli. Questa variabilità rende ancora più difficile valutare l'impatto reale di ciascun rifiuto, poiché non si può mai prevedere dove finirà e in che condizioni ambientali si troverà a "digerire" il tempo.

Nel frattempo, il **costo ambientale, economico e sanitario** di questi tempi dilatati ricade sull'intera collettività: mari pieni di plastica, suoli contaminati da sostanze persistenti, animali uccisi da ingestione o soffocamento, acque inquinate da percolati e composti chimici, persone affette da patologie legate all'accumulo di tossine ambientali. Ogni rifiuto che oggi abbandoniamo avrà un impatto che durerà più della nostra stessa esistenza.

Per affrontare questa emergenza silenziosa, servono politiche chiare e ambiziose di **economia circolare**, che prevedano prodotti pensati fin dall'inizio per essere riparabili, riciclabili, riutilizzabili, biodegradabili o compostabili. Servono investimenti in **educazione ambientale**, affinché ognuno possa comprendere le conseguenze delle proprie scelte di consumo. Servono infrastrutture moderne per la raccolta differenziata, il compostaggio, il riciclo e il recupero energetico. Ma soprattutto, serve un cambiamento culturale profondo: la consapevolezza che il tempo della Terra non coincide con il nostro, e che ogni rifiuto lasciato oggi è un'eredità che graverà sul domani.

Comprendere quanto impiega un rifiuto a sparire significa quindi entrare in un'altra dimensione del tempo, quella **ecologica**, che non si misura in ore o in giorni, ma in secoli. E in questo tempo esteso, ogni nostra azione—per quanto piccola—può diventare eterna.

10. Soluzioni Possibili: Riciclo, riuso, riduzione Come possiamo cambiare il sistema e agire a livello personale, locale e globale.

Affrontare il problema dell'inquinamento legato ai rifiuti significa mettere in atto un **cambiamento sistemico**, in cui ogni livello della società, dal singolo individuo alle istituzioni sovranazionali, gioca un ruolo essenziale. Le cosiddette **3R** – riduzione, riuso e riciclo – non sono solo slogan, ma una **filosofia di vita** che trasforma l'economia lineare (produco, uso, getto) in un'economia **circolare**, rigenerativa per natura.

La **riduzione** è il primo e più importante passo. Ridurre significa **evitare a monte** la produzione di rifiuti, attraverso scelte consapevoli nei consumi. Significa domandarsi, prima di ogni acquisto: "Ne ho davvero bisogno? Esiste un'alternativa più sostenibile? Questo prodotto è pensato per durare?". Ogni volta che optiamo per un prodotto sfuso anziché confezionato, ogni volta che evitiamo un oggetto usa-e-getta, ogni volta che scegliamo un bene riparabile, stiamo riducendo l'impatto ambientale.

Ma la riduzione può essere anche **tecnologica e industriale**. Le aziende possono riprogettare i prodotti per usare meno materiali, impiegare risorse rinnovabili, eliminare le componenti tossiche o difficilmente smaltibili. La **progettazione ecocompatibile** (eco-design) è un settore sempre più strategico, che consente di pensare i prodotti fin dalla nascita con un ciclo di vita chiuso: niente diventa rifiuto, tutto può essere riutilizzato, disassemblato, trasformato.

Il **riuso** è la seconda grande leva per ridurre la produzione di rifiuti. Riusare significa **dare nuova vita agli oggetti**, evitando che diventino prematuramente scarti. Un barattolo di vetro può diventare un contenitore per alimenti, una vecchia maglietta può essere trasformata in un panno per la pulizia, un mobile danneggiato può essere restaurato. Il riuso è anche una **forma di creatività**, una sfida all'obsolescenza programmata e alla cultura dello spreco. È una pratica che riscopre il valore della manualità, della riparazione, della condivisione. Nelle città stanno nascendo sempre più **centri del riuso**, dove oggetti donati vengono rigenerati e rimessi in circolo, spesso anche con finalità sociali, coinvolgendo cooperative, associazioni e persone fragili.

Il riuso riguarda anche il mondo dell'**economia collaborativa**, con il boom del noleggio, dello scambio, del baratto, dell'acquisto di seconda mano. Piattaforme online permettono oggi di condividere strumenti, vestiti, giocattoli, libri, attrezzature sportive. Questo tipo di consumo non solo riduce i rifiuti, ma crea anche **comunità**, relazioni, solidarietà.

Il **riciclo**, infine, è la terza R: fondamentale, ma da attuare **solo dopo aver ridotto e riusato**. Riciclare significa trasformare i rifiuti in nuove risorse. Ma non è un processo magico: richiede energia, impianti, regole chiare. Affinché il riciclo funzioni davvero, è necessaria una raccolta differenziata **precisa, capillare e ben organizzata**. I cittadini devono sapere dove gettare ogni tipo di rifiuto, e i comuni devono fornire gli strumenti adatti: bidoni separati, centri di raccolta, informazioni trasparenti.

Il riciclo deve anche essere **di qualità**. Troppo spesso i materiali riciclati sono contaminati o mischiati tra loro, perdendo valore. È per questo che oggi si parla sempre più di "**upcycling**", ovvero riciclo di alta qualità, che mantiene o addirittura migliora le caratteristiche dei materiali originari. Ad esempio, vecchie reti da pesca possono diventare costumi da bagno tecnici, bottiglie di plastica si trasformano in filati per tessuti, pneumatici usati diventano pavimentazioni per parchi giochi.

Oltre alle 3R classiche, molte campagne ambientali aggiungono una quarta R: **"Rifiutare"**, ovvero dire no a ciò che non serve. Rifiutare la plastica monouso, le confezioni inutili, le pubblicità cartacee, i regali promozionali. Ogni rifiuto evitato è una vittoria silenziosa per l'ambiente.

Anche il **compostaggio** merita una menzione speciale. I rifiuti organici rappresentano una parte consistente dei rifiuti domestici. Compostarli correttamente significa trasformarli in fertilizzante naturale, restituendo al suolo ciò che proviene dalla terra. Il compostaggio può essere domestico (con una compostiera da balcone o da giardino), di comunità, o industriale. In ogni caso, riduce i conferimenti in discarica e produce valore sotto forma di humus.

Le **scelte individuali** sono solo una parte dell'equazione. Serve anche l'azione delle **istituzioni**: leggi che incentivino il riciclo, disincentivino il monouso, favoriscano la responsabilità estesa del produttore, impongano etichette ambientali chiare. Serve una fiscalità ecologica che premi chi riduce i rifiuti e penalizzi chi inquina. Serve una governance locale attenta, che sappia organizzare il servizio di raccolta, controllare gli impianti, coinvolgere i cittadini.

Ma servono anche **azioni globali**, perché il rifiuto non conosce confini. I container pieni di scarti elettronici partono dall'Europa e finiscono nelle discariche a cielo aperto dell'Africa occidentale. Le bottiglie di plastica gettate in un fiume asiatico possono arrivare nell'oceano Pacifico e depositarsi sulle coste del Sudamerica. È per questo che l'economia circolare deve essere anche **giusta**, equa, pensata per tutti i Paesi e non solo per i più ricchi.

Infine, il cambiamento passa anche dall'**educazione**, a tutti i livelli. Dai bambini nelle scuole agli adulti nelle aziende, dai cittadini ai decisori politici. Educare alla sostenibilità significa formare menti capaci di pensare al futuro, di misurare le conseguenze delle azioni, di comprendere che la Terra non è una risorsa infinita. Un cittadino informato è un cittadino potente. E ogni gesto consapevole, moltiplicato per milioni di persone, diventa una rivoluzione silenziosa ma efficace.

Il cambiamento sistemico necessario per affrontare l'emergenza dei rifiuti implica non solo una trasformazione nei comportamenti individuali, ma anche nella **struttura produttiva, distributiva e normativa** della nostra società. Quando si parla di soluzioni possibili, è fondamentale analizzare come la progettazione, l'educazione, l'innovazione tecnologica e la collaborazione tra settori possano contribuire alla creazione di un modello di sviluppo **sostenibile**, duraturo e compatibile con i limiti del pianeta.

Un elemento chiave riguarda la **responsabilità estesa del produttore** (EPR – Extended Producer Responsibility), un principio secondo cui chi immette un prodotto sul mercato è anche responsabile della sua gestione a fine vita. Questo meccanismo spinge le imprese a progettare oggetti più facili da riparare, smontare, riutilizzare o riciclare, riducendo al minimo l'impatto ambientale. In molti Paesi, i produttori sono tenuti a finanziare sistemi di raccolta e riciclo per imballaggi, dispositivi elettronici, batterie, veicoli e persino indumenti. In un'ottica circolare, non è più tollerabile che i costi ambientali e sanitari dei rifiuti siano scaricati sulla collettività o, peggio, sui Paesi più poveri.

Parallelamente, si stanno affermando forme di **produzione modulare** e **design rigenerativo**, che puntano su materiali durevoli, componenti standardizzati e facilità di riparazione. Esistono computer pensati per essere aggiornati pezzo per pezzo, scarpe fatte con materiali riciclabili separatamente, telefoni progettati per essere smontati senza colla o saldature. L'obsolescenza programmata non è una necessità tecnica, ma una scelta economica: superarla significa riconoscere il valore del tempo, della manutenzione e della durabilità.

Sul piano del consumo, crescono le pratiche di **acquisto consapevole**, che privilegiano filiere corte, aziende etiche, materiali sostenibili e certificazioni ambientali. L'etichettatura trasparente diventa uno strumento decisivo per orientare le scelte dei consumatori: sapere se un capo è stato prodotto con cotone organico, se un detersivo è biodegradabile, se un imballaggio è compostabile, è oggi un diritto e una responsabilità. Anche i sistemi di **deposito cauzionale** stanno tornando in auge: bottiglie di vetro, contenitori o imballaggi vengono restituiti in cambio di una piccola somma, creando un incentivo economico al riuso e al recupero.

In campo tecnologico, si stanno sviluppando **materiali innovativi** e **biodegradabili** che offrono un'alternativa alla plastica tradizionale. Dai biopolimeri ottenuti dal mais, dalle alghe o dall'amido di patata, alle bioplastiche compostabili, fino ai materiali derivati da funghi, bucce di frutta o latte scaduto. Queste soluzioni sono promettenti, ma richiedono un'infrastruttura adeguata per essere smaltite correttamente. Non tutte le bioplastiche sono compostabili nei contesti domestici, e alcune possono richiedere impianti industriali ad alte temperature. L'innovazione non basta: serve anche una regolamentazione che ne guidi l'utilizzo e ne eviti la dispersione nell'ambiente.

Un'altra frontiera è rappresentata dal **riciclo chimico**, che promette di recuperare materiali difficili da trattare con metodi tradizionali, come le plastiche miste o contaminate. Attraverso processi termici o catalitici, i rifiuti vengono scomposti nei loro componenti di base, da cui si possono ottenere nuovi materiali vergini. Questo approccio, ancora in fase di sviluppo, può affiancare il riciclo meccanico, ma non deve diventare un alibi per continuare a produrre plastica indiscriminatamente.

Sul fronte urbano, si moltiplicano le esperienze di **città zero rifiuti**, dove la raccolta differenziata supera l'80%, l'organico viene compostato localmente, e l'indifferenziato è ridotto al minimo. Modelli come quello di San Francisco, Lubiana o Capannori in Italia mostrano che un cambiamento è possibile, se accompagnato da una visione politica, investimenti mirati e partecipazione dei cittadini. In questi contesti, la gestione dei rifiuti diventa parte integrante della vita comunitaria: si organizzano laboratori di autoriparazione, mercatini dell'usato, scuole di cucito, orti urbani, workshop sul riciclo creativo. Il rifiuto perde il suo significato negativo e si trasforma in **risorsa condivisa**.

Un altro settore in crescita è quello del **design circolare** per l'edilizia. L'industria delle costruzioni è uno dei principali generatori di rifiuti nel mondo. Costruire con materiali riciclati, pensare edifici modulari e smontabili, impiegare tecniche di bioedilizia, usare rivestimenti e strutture a basso impatto è fondamentale per ridurre l'impronta ecologica delle città. Anche il riuso degli spazi – come la trasformazione di vecchie fabbriche in centri culturali o abitazioni – è parte di questa logica.

In ambito agricolo, la **gestione sostenibile dei rifiuti organici** attraverso il compostaggio, la digestione anaerobica e la pacciamatura consente di ridurre i fertilizzanti chimici, migliorare la struttura del suolo, aumentare la biodiversità. Un'agricoltura senza sprechi è possibile solo se si chiude il ciclo tra produzione e consumo, restituendo alla terra ciò che viene dalla terra.

Anche il settore della moda, tra i più inquinanti, sta cercando vie di uscita attraverso il concetto di **fashion sostenibile**: collezioni capsule, tessuti riciclati, capi no-waste, pratiche di slow fashion, moda vintage, produzione on demand per evitare l'invenduto. Le grandi firme e i piccoli artigiani sono chiamati a rispondere a una domanda crescente di trasparenza e responsabilità.

Tutti questi esempi mostrano che le soluzioni esistono già, sono reali e funzionano. Il problema non è l'assenza di alternative, ma la lentezza della loro adozione su larga scala. Serve una trasformazione culturale profonda, capace di rimettere in discussione abitudini, modelli economici e gerarchie di valore.

Un altro aspetto centrale nell'affrontare il problema dei rifiuti è il **potenziamento delle infrastrutture di raccolta e trattamento**, soprattutto nei Paesi a medio e basso reddito, dove spesso la gestione dei rifiuti è assente, disorganizzata o delegata a forme informali. In molte città del Sud del mondo, milioni di persone vivono in prossimità di discariche a cielo aperto o fiumi inquinati, e spesso sono costrette a bruciare rifiuti per fare spazio o ricavare materiali da rivendere. In questi contesti, non si può parlare di riciclo o riuso senza prima garantire servizi di base, dignità lavorativa e investimenti pubblici. Le politiche di "waste governance" devono dunque essere integrate con obiettivi sociali, sanitari ed economici, riconoscendo il ruolo insostituibile degli operatori informali nel recupero dei materiali e offrendo loro opportunità di formazione, sicurezza e retribuzione giusta.

Nel Nord del mondo, invece, uno dei grandi ostacoli al cambiamento è rappresentato dalla **complessità dei sistemi di imballaggio e confezionamento**, che spesso ostacolano un riciclo efficace. Prodotti venduti in strati multipli di plastica, cartone, alluminio e inchiostri colorati complicano enormemente la separazione dei materiali. Le aziende dovrebbero essere incentivate (o obbligate) a **semplificare il packaging**, utilizzando meno materiali e favorendo componenti mono-materiali facili da separare e riciclare. Alcune normative, come la **Plastic Tax** o il **Green Deal europeo**, stanno già cercando di spingere in questa direzione, ma il cammino è lungo e spesso ostacolato da forti pressioni lobbistiche.

Un altro strumento che merita attenzione è il **"Life Cycle Assessment"** (LCA), ovvero l'analisi del ciclo di vita di un prodotto, dalla produzione alla dismissione. Questo metodo permette di valutare il reale impatto ambientale di un oggetto o servizio, tenendo conto non solo del materiale, ma anche dell'energia impiegata, dei trasporti, dell'acqua consumata e della durata nel tempo. È grazie all'LCA, per esempio, che abbiamo scoperto che una borsa di cotone riutilizzabile deve essere usata centinaia di volte per pareggiare l'impatto di un sacchetto di plastica monouso. La verità ecologica, dunque, è spesso più complessa di quanto appaia a prima vista, e richiede strumenti scientifici solidi per evitare semplificazioni o falsi "greenwashing".

Sul fronte educativo, un ruolo determinante è giocato dalla **scuola, dalle famiglie e dai media**. Introdurre l'educazione ambientale nei programmi scolastici sin dalla tenera età significa seminare consapevolezza, rispetto e senso critico. I bambini che apprendono la differenza tra compostabile e riciclabile, che visitano un centro di riciclo, che coltivano un orto o costruiscono oggetti con materiali di recupero, diventeranno adulti più sensibili e informati. Nelle famiglie, pratiche come la raccolta differenziata, l'autoproduzione (pane, detersivi, cosmetici), il baratto e la condivisione degli oggetti (come avviene nei gruppi di "freecycling") sono esperienze formative che influenzano positivamente anche i più piccoli. I media, infine, possono svolgere un ruolo cruciale nel **rendere visibile l'invisibile**, raccontando le storie dei rifiuti, denunciando gli sprechi, valorizzando le buone pratiche e smascherando le false soluzioni.

In molte città si stanno diffondendo anche i **centri del riuso e riparazione**, luoghi dove è possibile portare oggetti rotti o inutilizzati per farli riparare, scambiare o donare. Questi spazi, che spesso nascono da iniziative di cittadini, cooperative sociali o associazioni ambientaliste, rappresentano un'alternativa concreta alla cultura dell'usa-e-getta. I "repair café", ad esempio, sono incontri pubblici in cui volontari aiutano gratuitamente le persone a riparare piccoli elettrodomestici, biciclette, vestiti e giocattoli, promuovendo la condivisione delle competenze e la solidarietà.

Nel mondo digitale, stanno emergendo piattaforme online che facilitano il **riuso, lo scambio e la condivisione di beni**, riducendo la necessità di nuovi acquisti. App per noleggiare oggetti di uso occasionale (come trapani, tende da campeggio, attrezzature sportive), siti per vendere o regalare oggetti usati, mappe dei punti di raccolta e delle isole ecologiche, tutorial per il riciclo creativo: l'innovazione digitale può essere un potente alleato nella transizione verso una società più circolare.

Anche le università e i centri di ricerca hanno un ruolo fondamentale nello **sviluppo di nuove tecnologie, materiali e strategie di gestione dei rifiuti**, ma per avere un impatto reale queste conoscenze devono uscire dai laboratori e dialogare con le imprese, le istituzioni e la società civile. La creazione di **ecosistemi territoriali del riuso**, in cui università, aziende, enti locali, scuole e cittadini cooperano per sviluppare soluzioni integrate, rappresenta una delle strade più promettenti per affrontare la crisi dei rifiuti.

Infine, un'importante spinta al cambiamento può venire dalle **politiche pubbliche internazionali**, come le direttive europee sui rifiuti, gli obiettivi di sviluppo sostenibile dell'ONU, gli accordi multilaterali sulla plastica e le convenzioni contro il traffico illecito di rifiuti. Tuttavia, la loro efficacia dipende dalla volontà politica, dalla trasparenza e dalla partecipazione dei cittadini, che devono esercitare pressione costante per evitare compromessi al ribasso e favorire una **giustizia ambientale globale**. Infatti, troppo spesso i rifiuti prodotti nei Paesi ricchi finiscono in discariche o impianti nei Paesi più poveri, dove mancano controlli, tutele e normative efficaci. Contrastare questo fenomeno richiede leggi severe, controlli doganali accurati e una nuova etica della responsabilità condivisa.

Posso continuare con ulteriori strategie locali e globali, buone pratiche aziendali, esempi legislativi o progetti comunitari se desideri prolungare ancora questo punto, oppure posso passare al punto 11. Dimmi tu.

Un'altra dimensione essenziale per comprendere e rafforzare le strategie di riciclo, riuso e riduzione è quella **psicologica e culturale**. Il modo in cui le persone percepiscono i rifiuti, infatti, ha un impatto diretto sul loro comportamento quotidiano. In molte società industrializzate si è radicata l'idea che il consumo sia una forma di benessere e progresso, mentre il riuso o la riparazione vengono ancora percepiti da alcuni come segni di povertà o arretratezza. Per invertire questa tendenza, è necessario un cambiamento narrativo che **restituisca valore agli oggetti longevi, riparabili e condivisibili**, contrapponendoli alla logica del "fast everything" – fast fashion, fast tech, fast food – che genera spreco in ogni ambito della vita.

Un concetto sempre più discusso è quello di **"design sostenibile"**, ovvero la progettazione di oggetti e prodotti sin dall'inizio pensati per durare, essere riparati, smontati facilmente e riciclati alla fine del loro ciclo di vita. Questa filosofia di produzione si oppone frontalmente all'obsolescenza programmata, cioè la pratica industriale di creare oggetti destinati a rompersi o diventare obsoleti in tempi brevi, per stimolare nuovi acquisti. Esistono esempi positivi di aziende che producono scarpe completamente compostabili, cellulari modulari con pezzi facilmente sostituibili, mobili fatti con materiali riciclati e certificati. Tuttavia, per rendere queste soluzioni economicamente vantaggiose, è necessaria una **domanda consapevole da parte dei consumatori**, ma anche un supporto pubblico attraverso incentivi, sgravi fiscali o appalti verdi.

Il concetto di "riduzione" è spesso più potente e impattante del riciclo stesso. Infatti, **la miglior forma di gestione del rifiuto è non produrlo affatto**. Questo principio si traduce in scelte quotidiane: preferire acqua del rubinetto a quella in bottiglia, portarsi dietro contenitori riutilizzabili, acquistare sfuso, cucinare con ingredienti freschi anziché prodotti confezionati, evitare l'usa e getta a favore di materiali lavabili e durevoli. Molti studi dimostrano che i gesti individuali, se praticati su larga scala, hanno un impatto straordinario. Ad esempio, se ogni famiglia italiana riducesse del 10% i rifiuti alimentari, si eviterebbero milioni di tonnellate di cibo buttato, con enormi benefici ambientali, economici e sociali.

In questo senso, **le politiche di prevenzione** giocano un ruolo determinante. Alcuni Paesi hanno introdotto leggi che vietano specifici articoli monouso in plastica, che impongono alle aziende obiettivi minimi di riciclabilità, o che premiano i comportamenti virtuosi attraverso sconti e agevolazioni. Altri ancora promuovono il **"pay as you throw"**, cioè un sistema di tariffazione che fa pagare i cittadini in base alla quantità effettiva di rifiuto indifferenziato prodotto: più differenzi, meno paghi. Questo approccio non solo responsabilizza l'utente, ma stimola anche a ripensare gli acquisti in modo più sostenibile.

Un ambito molto interessante è quello della **moda sostenibile**. Il settore tessile è tra i più inquinanti al mondo e produce ogni anno tonnellate di rifiuti che finiscono nelle discariche o nei mercati dell'usato dei Paesi in via di sviluppo, spesso in forma non gestibile. La moda etica e circolare promuove materiali naturali, riciclati o riciclabili, processi produttivi a basso impatto e modelli economici alternativi come il noleggio, il second hand e il "upcycling", cioè la trasformazione creativa di capi usati in nuovi prodotti. Anche qui la sensibilizzazione è fondamentale: scegliere un abito prodotto in modo sostenibile è un atto politico che premia un'intera filiera virtuosa.

Nel campo della tecnologia e dell'elettronica, cresce l'attenzione verso l'**economia circolare dei dispositivi digitali**. Computer, smartphone e elettrodomestici contengono materiali preziosi – come oro, litio, terre rare – il cui estrazione ha impatti ambientali e geopolitici pesantissimi. Estendere la vita utile di questi apparecchi attraverso riparazioni, aggiornamenti software, acquisti consapevoli e programmi di ritiro e riciclo è fondamentale. Alcuni governi hanno introdotto l'**Indice di Riparabilità**, obbligatorio sulle etichette dei prodotti, che aiuta i consumatori a valutare quanto un oggetto sia facile da smontare e aggiustare.

Alcune aziende innovative stanno sviluppando **modelli di business "zero waste"**, dove ogni fase produttiva è ottimizzata per ridurre al minimo gli scarti, e quelli che inevitabilmente si producono vengono reimmessi in altri cicli produttivi. Alcune birrerie artigianali, ad esempio, utilizzano i residui della produzione per creare biscotti o alimenti per animali; aziende del settore edile impiegano macerie frantumate come base per nuove costruzioni; ditte di cosmetici riutilizzano gli scarti alimentari (come bucce d'arancia o fondi di caffè) per formulare creme e scrub. Questi approcci non solo riducono i rifiuti, ma creano valore aggiunto, posti di lavoro e innovazione locale.

È importante anche riconoscere il valore dell'**arte e della cultura nella trasformazione della percezione del rifiuto**. Molti artisti contemporanei utilizzano materiali di scarto per realizzare installazioni, sculture o performance che invitano a riflettere sulla relazione tra consumo e ambiente.

Festival dedicati alla sostenibilità, musei del riciclo, laboratori di creatività per bambini e adulti rappresentano strumenti efficaci per sensibilizzare e coinvolgere la cittadinanza in modo emotivo e partecipativo. Quando il rifiuto smette di essere solo un problema tecnico e diventa una questione esistenziale e collettiva, il cambiamento è più profondo e duraturo.

Se vuoi, posso continuare ancora a espandere su questo punto con ulteriori esempi internazionali, dati di impatto, strumenti normativi e proposte educative. Fammi sapere se proseguo o se passiamo al punto 11.

Concludere il tema **"Soluzioni Possibili: Riciclo, Riuso, Riduzione"** significa comprendere che la questione dei rifiuti non si risolve semplicemente con la gestione dell'esistente, ma richiede **una rivoluzione sistemica e culturale**. Ogni anello della catena produttiva e di consumo deve essere ripensato: **dall'estrazione delle risorse alla progettazione dei beni, dal modo in cui acquistiamo al modo in cui dismettiamo ciò che non ci serve più**. In questa prospettiva, le tre "R" – ridurre, riusare, riciclare – non sono azioni isolate, ma parti integrate di un nuovo paradigma che punta alla sostenibilità, alla giustizia ambientale e alla resilienza delle comunità.

La **riduzione** è il primo e più importante passo: comporta una presa di coscienza critica del nostro stile di vita e delle nostre abitudini di consumo. Significa chiedersi: "Mi serve davvero?", "Posso trovare un'alternativa riutilizzabile?", "Quanto durerà questo oggetto?". Ridurre è agire prima ancora che il rifiuto venga generato, evitando il superfluo, privilegiando la qualità alla quantità, adottando pratiche quotidiane sobrie ma efficaci. Ridurre significa anche **snellire gli imballaggi, preferire prodotti sfusi, comprare meno ma meglio**, pianificare gli acquisti e ridurre gli sprechi alimentari. È un atto rivoluzionario perché tocca la radice del problema: **la sovrapproduzione e il sovraconsumo**.

Il **riuso** riabilita il valore delle cose. Nella logica della velocità e della novità, gli oggetti vengono dismessi ben prima del loro reale esaurimento funzionale. Riutilizzare significa **riparare, rigenerare, reinventare**. Un barattolo di vetro diventa contenitore per la pasta, un vecchio maglione diventa una coperta per animali, una bicicletta usata diventa nuova grazie a un laboratorio sociale. In molte città si stanno diffondendo **centri del riuso** dove i cittadini possono donare oggetti funzionanti, scambiarli o ritirarli gratuitamente. Questa pratica ha anche un valore sociale, perché **riduce le disuguaglianze, rafforza i legami comunitari e trasforma l'economia della scarsità in una cultura della condivisione**.

Il **riciclo** è l'ultima risorsa, ma resta fondamentale. Separare correttamente i rifiuti, conferirli nei giusti contenitori, conoscere i codici e le regole locali della raccolta differenziata è un dovere civico. Ma il riciclo è anche un grande investimento industriale e occupazionale. Secondo i dati dell'Unione Europea, un sistema ben organizzato di riciclo può **creare centinaia di migliaia di posti di lavoro verdi**, ridurre la dipendenza dall'importazione di materie prime, e abbattere drasticamente le emissioni di gas serra. Tuttavia, per essere davvero efficace, il riciclo deve affrontare **problemi strutturali**: la mancanza di impianti moderni, la contaminazione dei materiali, la necessità di mercati stabili per le materie seconde. Occorre una **filiera virtuosa**, che parta da un design intelligente e si concluda con un mercato pronto a riassorbire i materiali riciclati.

Un aspetto cruciale è che **nessuna soluzione è sufficiente da sola**. Serve un'azione coordinata tra individui, imprese, istituzioni e comunità. Le politiche pubbliche devono sostenere l'innovazione, semplificare l'accesso alle pratiche virtuose, punire le scorrettezze ambientali e incentivare la responsabilità sociale d'impresa. Le aziende devono abbracciare la sostenibilità come valore guida e non come marketing di facciata. Le scuole devono formare cittadini consapevoli, insegnando fin da piccoli il ciclo dei materiali, l'importanza delle scelte quotidiane, il rispetto per le risorse naturali. E le comunità locali devono riscoprire **forme di solidarietà ecologica**, creando reti di mutuo aiuto, orti condivisi, mercatini del riuso, cooperative del recupero.

Concludendo, affrontare il problema dei rifiuti richiede un cambiamento epocale, ma possibile. Il mondo ha già a disposizione tecnologie, conoscenze e buone pratiche per fare un salto di qualità. La vera sfida è **la volontà collettiva di cambiare rotta**. E questa volontà si costruisce ogni giorno: in una bottiglia non comprata, in un oggetto riparato, in un gesto educativo, in una legge giusta, in un'impresa etica. Le soluzioni esistono. Sta a noi trasformarle in una nuova normalità.

Vuoi passare al punto 11 oppure approfondire ancora questo tema con dati, leggi, o esempi specifici per l'Italia o altri Paesi?

11. Le Buone Notizie: Innovazioni e storie virtuose Tecnologie, iniziative ambientali, giovani attivisti e città sostenibili.

Il tema delle "Buone Notizie" nel contesto dell'inquinamento e dei rifiuti è fondamentale per bilanciare il racconto, per offrire speranza e ispirazione a chi legge, mostrando come la crisi ambientale possa essere affrontata con successo grazie all'ingegno umano, alla determinazione e alla collaborazione. Le innovazioni tecnologiche rappresentano un faro di speranza nel mare di problemi ambientali che affliggono il pianeta, perché aprono nuove strade per la prevenzione, la gestione e la riduzione dei rifiuti e dell'inquinamento. Tecnologie avanzate per il riciclo, come quelle basate sull'intelligenza artificiale e la robotica, stanno rivoluzionando la capacità di separare i materiali, aumentando l'efficienza e la qualità del recupero. Per esempio, impianti di smistamento automatizzati possono riconoscere materiali diversi con precisione, riducendo gli scarti e ottimizzando il processo.

Nel campo della plastica, progetti innovativi stanno sviluppando materiali biodegradabili e compostabili che si decompongono in tempi molto più brevi, riducendo così l'accumulo nei mari e nelle discariche. Alcune start-up stanno sperimentando la trasformazione dei rifiuti plastici in carburanti puliti o in nuovi prodotti utili, creando un circolo virtuoso che trasforma un problema in risorsa. In campo energetico, gli inceneritori di nuova generazione stanno diventando sempre più efficienti, con sistemi di filtraggio che riducono drasticamente le emissioni tossiche, anche se l'obiettivo principale rimane la riduzione alla fonte.

Le iniziative ambientali e comunitarie sono un altro pilastro di queste buone notizie. In molte città del mondo, dai grandi centri urbani europei fino a città minori in Asia e America Latina, si stanno sviluppando politiche di "zero waste" (rifiuti zero) che puntano a ridurre drasticamente la produzione di rifiuti, migliorare il riciclo e promuovere il riuso attraverso regolamenti, incentivi e coinvolgimento diretto dei cittadini. Questi modelli di città sostenibili integrano spazi verdi, mobilità dolce, economia circolare e gestione intelligente dei rifiuti. Molti esempi concreti dimostrano che è possibile migliorare la qualità della vita e ridurre l'impatto ambientale senza sacrificare lo sviluppo economico.

I giovani attivisti ambientali, dal canto loro, rappresentano una nuova generazione che ha fatto della tutela del pianeta una priorità urgente e irrinunciabile. Figure come Greta Thunberg, ma anche migliaia di attivisti locali e globali, stanno influenzando governi, istituzioni e opinione pubblica con campagne di sensibilizzazione, azioni di protesta pacifica e proposte concrete. Le scuole e le università stanno integrando sempre più programmi di educazione ambientale, dando ai giovani gli strumenti per diventare cittadini consapevoli e protagonisti del cambiamento. Questi movimenti giovanili non solo stimolano il dibattito pubblico, ma portano anche a innovazioni sociali e tecnologiche che possono essere adottate su larga scala.

Parallelamente, il mondo delle imprese e dell'industria sta vedendo nascere nuove figure di "imprenditori verdi" che coniugano profitto e sostenibilità, dimostrando che un modello di business responsabile è possibile e redditizio. Aziende che adottano l'economia circolare, che puntano su materiali riciclati o rinnovabili, che investono in riduzione degli sprechi e risparmio energetico, stanno crescendo sia in termini di fatturato sia di reputazione. Questi esempi concreti sono importanti perché mostrano che la tutela ambientale e lo sviluppo economico non sono antitetici ma possono andare di pari passo.

In questo scenario, anche la ricerca scientifica gioca un ruolo cruciale, individuando soluzioni sempre più efficaci per monitorare l'inquinamento, bonificare i siti contaminati, sviluppare biotecnologie per il degrado dei rifiuti, e prevedere gli impatti ambientali con modelli avanzati. Collaborazioni internazionali tra governi, istituzioni scientifiche e ONG stanno portando avanti programmi di ricerca che mirano a proteggere gli oceani, le foreste, i suoli e l'atmosfera, a salvaguardare la biodiversità e a promuovere un futuro più sostenibile.

Questi esempi di successo, di innovazione e di impegno collettivo sono segnali concreti che il cambiamento è possibile, purché accompagnato da volontà politica, investimento nelle persone e nelle tecnologie, e partecipazione attiva della società civile. Sono storie di speranza che invitano a non perdere la fiducia nel futuro, ma anzi a diventare parte attiva della soluzione, diffondendo consapevolezza e stimolando azioni concrete su ogni scala.

Se vuoi, posso fornirti esempi dettagliati di progetti specifici, dati aggiornati sulle tecnologie, storie di attivisti o città virtuose in Italia e nel mondo. Vuoi approfondire qualche ambito in particolare?

Le innovazioni tecnologiche si stanno moltiplicando anche nel campo della depurazione e del recupero dei mari, con sistemi sempre più sofisticati che permettono di raccogliere rifiuti plastici galleggianti e microplastiche, senza danneggiare la fauna marina. Alcuni progetti utilizzano droni marini o robot autonomi che pattugliano le superfici oceaniche per intercettare le plastiche prima che si frammentino ulteriormente, riducendo così la diffusione delle microplastiche nell'ecosistema. La ricerca sulle biotecnologie sta esplorando anche l'uso di batteri e funghi in grado di degradare alcune tipologie di plastica, aprendo la strada a metodi naturali di bonifica che potrebbero essere applicati sia in mare che in discariche o suoli contaminati.

Parallelamente, le campagne di sensibilizzazione globali stanno assumendo una portata mai vista, coinvolgendo milioni di persone in azioni di pulizia delle coste, raccolta differenziata e riduzione dell'uso di plastica monouso. Questi movimenti, spesso nati dal basso e supportati da ONG internazionali, riescono a mobilitare risorse e attenzione mediatica, generando una pressione crescente sulle istituzioni per adottare politiche più rigorose. Si vedono progressi significativi anche nella regolamentazione: numerosi Paesi stanno vietando o limitando fortemente prodotti usa e getta come sacchetti di plastica, cannucce e posate monouso, favorendo così un cambiamento nelle abitudini di consumo.

Nell'ambito urbano, molte città stanno adottando modelli di economia circolare, che integrano riciclo, riuso e progettazione di prodotti con minore impatto ambientale. Questi modelli non solo riducono la quantità di rifiuti destinati a discarica o incenerimento, ma creano anche nuovi posti di lavoro "verdi" e stimolano l'innovazione imprenditoriale. Ad esempio, sempre più aziende stanno sviluppando imballaggi compostabili, bioplastiche a base di materie prime vegetali e prodotti modulari facilmente riparabili, riducendo così la dipendenza da materiali tradizionali e non biodegradabili.

Sul fronte delle energie rinnovabili, la riduzione dell'inquinamento è stimolata anche dalla crescente diffusione di tecnologie pulite, come l'eolico, il solare e le batterie ad alta efficienza, che permettono di diminuire le emissioni di gas serra e sostanze tossiche prodotte dalle fonti fossili. Questa transizione energetica si accompagna a politiche di riduzione delle emissioni nei trasporti e nelle industrie, ambiti tradizionalmente tra i maggiori responsabili dell'inquinamento atmosferico.

Le storie di successo spesso nascono dalla collaborazione tra settori diversi: governi locali, organizzazioni non governative, università e aziende private uniscono le forze per progetti integrati che affrontano l'inquinamento su più fronti. Ad esempio, ci sono iniziative che combinano la pulizia delle spiagge con l'educazione ambientale per le scuole, o programmi di finanziamento che aiutano le piccole imprese a innovare i loro processi produttivi in chiave sostenibile.

La diffusione delle tecnologie digitali e dei social media ha un ruolo cruciale nel sensibilizzare e coinvolgere le persone. Attraverso campagne virali, app dedicate alla segnalazione dei rifiuti o piattaforme di crowdfunding per iniziative green, si crea una rete globale di cittadini attivi che contribuiscono a monitorare e migliorare l'ambiente. Questi strumenti permettono anche una maggiore trasparenza e controllo delle attività industriali e della gestione dei rifiuti, favorendo la responsabilità sociale delle imprese e delle istituzioni.

Inoltre, sempre più spesso i governi nazionali e le organizzazioni internazionali stanno adottando accordi e regolamenti che pongono limiti stringenti all'inquinamento, promuovendo standard di qualità ambientale più elevati. L'adozione di sistemi di monitoraggio ambientale avanzati consente di rilevare precocemente fenomeni di contaminazione e intervenire tempestivamente, prevenendo danni gravi e irreversibili.

Infine, l'aspetto culturale e educativo è imprescindibile per consolidare questi progressi. L'inserimento dell'educazione ambientale nei programmi scolastici, la promozione di stili di vita sostenibili e la diffusione di una maggiore consapevolezza collettiva sono elementi chiave per creare una società che riconosca il valore della tutela ambientale come priorità assoluta. Solo così si potrà garantire che le innovazioni e le buone pratiche attuali si traducano in un cambiamento duraturo e diffuso, capace di proteggere il pianeta per le generazioni future, continuando a svilupparsi e migliorarsi costantemente.

Le innovazioni ambientali si estendono anche all'ambito dell'economia circolare, un modello che mira a ridurre drasticamente la produzione di rifiuti attraverso il design di prodotti durevoli, riparabili e completamente riciclabili. In questo contesto, alcune startup stanno sviluppando materiali alternativi alla plastica tradizionale, come biopolimeri ottenuti da alghe, scarti agricoli o funghi, che possono degradarsi naturalmente senza lasciare residui tossici. Questi materiali innovativi non solo aiutano a ridurre l'impatto ambientale, ma aprono nuove possibilità industriali e commerciali, stimolando un'economia più sostenibile e meno dipendente dalle risorse fossili.

Oltre alla tecnologia, emergono anche nuove pratiche di gestione dei rifiuti, basate sulla partecipazione attiva della comunità locale. Ad esempio, alcune città hanno introdotto sistemi di raccolta differenziata "porta a porta" con incentivi per chi riduce la produzione di rifiuti o per chi ricicla correttamente. Questi sistemi, spesso supportati da app e piattaforme digitali, consentono un monitoraggio più preciso e una maggiore responsabilizzazione dei cittadini, favorendo un miglioramento della qualità dell'ambiente urbano e naturale.

L'uso di intelligenza artificiale e big data sta rivoluzionando la capacità di mappare e prevedere l'andamento dei fenomeni di inquinamento, permettendo di intervenire in modo mirato e tempestivo. Attraverso sensori ambientali distribuiti sul territorio, è possibile monitorare la qualità dell'aria, dell'acqua e del suolo in tempo reale, identificare fonti di contaminazione e ottimizzare i processi di raccolta e smaltimento dei rifiuti. Queste tecnologie favoriscono anche la trasparenza, poiché i dati raccolti possono essere resi pubblici e accessibili a tutti, stimolando un controllo civico più efficace.

Il coinvolgimento dei giovani e delle nuove generazioni rappresenta un elemento cruciale per il successo delle iniziative ambientali. Movimenti giovanili globali, come Fridays for Future, hanno dimostrato la capacità di mobilitare milioni di persone attorno al tema della crisi climatica e dell'inquinamento, portando questi temi all'attenzione dei media e delle istituzioni. Questi attivisti promuovono stili di vita sostenibili e chiedono politiche più ambiziose, creando una pressione dal basso che spesso anticipa e indirizza i cambiamenti legislativi.

Anche le aziende stanno modificando i loro modelli di business per rispondere alla crescente domanda di sostenibilità da parte dei consumatori. Molte imprese stanno adottando politiche di responsabilità sociale d'impresa (CSR), investendo in tecnologie pulite, riducendo l'uso di materiali inquinanti e incentivando il riciclo interno. Alcune stanno sperimentando modelli di economia circolare che prevedono la restituzione dei prodotti usati per il riciclo o il riutilizzo, creando nuovi flussi di valore e riducendo la quantità di rifiuti prodotti.

In ambito internazionale, le collaborazioni multilaterali sono sempre più frequenti e fondamentali per affrontare problemi globali come l'inquinamento marino o la dispersione di sostanze tossiche nel suolo e nell'aria. Accordi come il Protocollo di Montreal per la protezione della fascia di ozono, o più recentemente gli impegni nell'ambito dell'Accordo di Parigi sul clima, mostrano come la cooperazione tra Stati sia indispensabile per stabilire standard ambientali condivisi e promuovere azioni coordinate.

L'innovazione si manifesta anche nel settore dell'educazione ambientale, con nuovi approcci pedagogici che integrano esperienze pratiche, progetti sul campo e l'uso di tecnologie digitali per coinvolgere attivamente studenti e comunità. Questi metodi favoriscono una maggiore consapevolezza e responsabilità individuale, elementi chiave per un cambiamento culturale profondo.

Parallelamente, emergono sempre più iniziative di economia sociale e solidale che puntano a coniugare sostenibilità ambientale e inclusione sociale, creando reti di produttori e consumatori consapevoli che operano secondo principi etici e di rispetto per l'ambiente. Questi modelli rappresentano una risposta concreta alle crisi ambientali e sociali, promuovendo uno sviluppo più equo e durevole.

Infine, l'attenzione crescente verso la trasparenza e la tracciabilità dei prodotti e dei rifiuti favorisce una gestione più responsabile della catena produttiva e distributiva. Sistemi basati su blockchain e altre tecnologie innovative sono sperimentati per garantire che materiali e prodotti siano riciclati correttamente, riducendo il rischio di discariche illegali e traffici illeciti.

Questi molteplici livelli di innovazione e impegno rappresentano un segnale positivo, dimostrando che nonostante la complessità e la gravità del problema dei rifiuti e dell'inquinamento, esistono strade concrete e promettenti per affrontarlo efficacemente e costruire un futuro più sostenibile per il pianeta e le generazioni che verranno.

Un altro aspetto rilevante nell'ambito delle innovazioni riguarda il recupero energetico dai rifiuti, dove si stanno sviluppando tecnologie sempre più avanzate e pulite per trasformare la spazzatura in energia elettrica o termica. Processi come la gassificazione e la pirolisi consentono di trattare materiali non riciclabili, limitando l'impatto ambientale degli inceneritori tradizionali. Questi sistemi sono spesso integrati con impianti di cogenerazione che ottimizzano l'efficienza energetica, riducendo così la dipendenza dalle fonti fossili e contribuendo alla transizione verso un'economia a basse emissioni di carbonio.

Nel campo della biotecnologia, sono stati scoperti microrganismi capaci di degradare materiali plastici, come alcune specie di batteri e funghi che possono "mangiare" la plastica trasformandola in composti meno dannosi. La ricerca in questo settore è in rapida espansione e promette di rivoluzionare il modo in cui gestiamo i rifiuti plastici, aprendo la strada a soluzioni biologiche alternative rispetto ai tradizionali metodi chimici e fisici di smaltimento.

Inoltre, la digitalizzazione della filiera dei rifiuti sta permettendo una gestione più intelligente e sostenibile dei materiali, con l'uso di sensori IoT (Internet of Things) per monitorare in tempo reale i livelli di riempimento dei contenitori, ottimizzare i percorsi di raccolta e ridurre i costi operativi. Questa tecnologia, combinata con sistemi di analisi dati, consente di identificare le aree più critiche, prevedere picchi di produzione di rifiuti e implementare strategie di prevenzione mirate.

L'attenzione verso il design sostenibile dei prodotti sta crescendo, spingendo aziende e progettisti a sviluppare beni che siano facilmente disassemblabili, riparabili e riciclabili. Questo approccio "eco-design" riduce la quantità di rifiuti generati e facilita il recupero delle risorse, promuovendo un ciclo di vita più lungo e virtuoso per gli oggetti di uso quotidiano.

Le politiche pubbliche stanno iniziando a premiare chi adotta pratiche sostenibili, attraverso incentivi fiscali, certificazioni ambientali e regolamentazioni più stringenti sui materiali utilizzati e sugli imballaggi. In molte regioni del mondo, l'obbligo di ridurre l'uso di plastica monouso ha portato a un incremento di alternative biodegradabili e compostabili, stimolando l'innovazione e un cambio di abitudini nei consumatori.

La collaborazione tra settore pubblico, privato e società civile si sta rivelando cruciale per la realizzazione di progetti di ampio respiro, come la bonifica di siti contaminati, la rigenerazione urbana e la creazione di aree verdi che fungono da "polmoni" per le città, migliorando la qualità dell'aria e la salute dei cittadini.

Molte città stanno sperimentando modelli di "smart city" che integrano tecnologia e sostenibilità, puntando a ridurre l'impatto ambientale complessivo attraverso la mobilità elettrica, la gestione intelligente dei rifiuti, l'efficientamento energetico degli edifici e la promozione di economie locali a basso impatto.

Infine, la diffusione di campagne di sensibilizzazione e l'educazione ambientale, sia nelle scuole che nei media, sta aumentando la consapevolezza collettiva sull'importanza di ridurre, riciclare e riutilizzare i rifiuti. Queste iniziative creano un terreno fertile per l'adozione di comportamenti più sostenibili a livello individuale e comunitario, facendo leva su valori di responsabilità e rispetto per il pianeta.

Tutti questi elementi dimostrano come l'innovazione e l'impegno collettivo siano fondamentali per contrastare il problema dei rifiuti e dell'inquinamento, offrendo speranza e strumenti concreti per costruire un futuro più pulito e sano.

In sintesi, le innovazioni e le storie virtuose rappresentano una luce importante in un contesto altrimenti dominato da sfide ambientali complesse e spesso scoraggianti. Le tecnologie emergenti, dalla bio-degradazione alla digitalizzazione della gestione dei rifiuti, offrono strumenti potenti per ridurre l'impatto dell'inquinamento e favorire un uso più responsabile delle risorse. Parallelamente, l'impegno di comunità, giovani attivisti, aziende e istituzioni dimostra come un approccio integrato e collaborativo possa generare cambiamenti significativi, sia a livello locale che globale. Le iniziative di economia circolare, le politiche ambientali innovative e i modelli di città sostenibili stanno tracciando una strada concreta verso un equilibrio più rispettoso dell'ambiente. L'educazione e la sensibilizzazione giocano un ruolo fondamentale nel trasformare la consapevolezza in azioni quotidiane, rafforzando la cultura della sostenibilità e della responsabilità collettiva. Sebbene la strada da percorrere sia ancora lunga e piena di ostacoli, queste esperienze positive e le tecnologie all'avanguardia forniscono una solida base su cui costruire un futuro più pulito, sano e giusto per le generazioni presenti e future, dimostrando che, anche di fronte a problemi enormi come i rifiuti e l'inquinamento, l'innovazione e la volontà umana possono davvero fare la differenza.

12. Il Futuro che Scegliamo: Vivere in equilibrio con la natura
Visione positiva: come costruire un mondo pulito, sano e rispettoso del pianeta.

Per costruire un futuro in cui l'essere umano viva in equilibrio con la natura, è fondamentale ripensare radicalmente il nostro rapporto con l'ambiente e adottare modelli di sviluppo sostenibili che mettano al centro il rispetto del pianeta e delle sue risorse. Questo implica una trasformazione profonda che coinvolge tutti gli aspetti della vita quotidiana, dalle scelte individuali alle politiche pubbliche, dall'innovazione tecnologica alle pratiche culturali e sociali.

Un mondo pulito e sano si fonda su una gestione responsabile delle risorse naturali, che evita sprechi e inquinamento, promuove il riciclo e il riuso, e limita l'estrazione indiscriminata di materie prime. La transizione verso energie rinnovabili, come solare, eolico e idroelettrico, è un passaggio cruciale per ridurre l'impatto delle attività umane sul clima e preservare la qualità dell'aria e dell'acqua. Allo stesso tempo, la tutela della biodiversità diventa un obiettivo imprescindibile, perché gli ecosistemi sani garantiscono servizi essenziali come la purificazione dell'acqua, il controllo delle malattie, la fertilità del suolo e la regolazione del clima.

L'educazione ambientale svolge un ruolo chiave nel diffondere consapevolezza e sensibilità verso la natura, formando cittadini capaci di scelte informate e responsabili. Fin dalla giovane età, imparare il valore della natura e l'importanza della sua tutela aiuta a creare una cultura della sostenibilità che si trasmette di generazione in generazione.

Le città e le comunità del futuro dovranno essere progettate per integrare spazi verdi, mobilità sostenibile, efficienza energetica e gestione intelligente dei rifiuti, creando ambienti vivibili e salutari per tutti. L'innovazione tecnologica sarà al servizio di questi obiettivi, offrendo soluzioni per ridurre l'inquinamento, ottimizzare i consumi e promuovere stili di vita più sostenibili.

Il coinvolgimento attivo dei cittadini, delle imprese e delle istituzioni è fondamentale per costruire un modello di sviluppo condiviso, basato sulla responsabilità collettiva e sull'etica ambientale. Le politiche devono incentivare comportamenti virtuosi, regolamentare gli impatti negativi e supportare la ricerca e l'adozione di tecnologie pulite.

Guardando al futuro con ottimismo, possiamo immaginare un mondo in cui le generazioni presenti e future vivano in armonia con la natura, dove le risorse siano gestite con saggezza e rispetto, e dove la salute del pianeta sia considerata una priorità globale. Questo futuro si costruisce oggi, attraverso scelte consapevoli, innovazioni responsabili e una profonda trasformazione culturale che ci porti a vedere la Terra non solo come una fonte di risorse, ma come un organismo vivente di cui facciamo parte e per cui abbiamo il dovere di prenderci cura.

Per approfondire ulteriormente la visione di un futuro in equilibrio con la natura, è fondamentale considerare l'importanza di una profonda riconnessione tra l'essere umano e l'ambiente naturale, che va ben oltre la semplice gestione dei rifiuti o l'adozione di tecnologie pulite. Questa riconnessione implica un cambiamento culturale e spirituale, in cui la natura non è vista come una risorsa da sfruttare, ma come un partner con cui vivere in simbiosi. Questo può tradursi in pratiche quotidiane che favoriscano il rispetto dei cicli naturali, la protezione della biodiversità e la valorizzazione degli ecosistemi come patrimonio comune da preservare.

L'agricoltura rigenerativa, ad esempio, rappresenta una strada concreta per ristabilire la salute del suolo e promuovere la fertilità naturale senza ricorrere a sostanze chimiche dannose. Attraverso tecniche come la rotazione delle colture, l'uso di piante coprenti e la riduzione della lavorazione del terreno, questa pratica favorisce l'assorbimento di carbonio, il miglioramento della struttura del suolo e la conservazione dell'acqua, contribuendo così anche alla lotta contro i cambiamenti climatici.

Allo stesso modo, l'adozione di sistemi di economia circolare su larga scala potrebbe trasformare radicalmente il modo in cui produciamo e consumiamo, chiudendo i cicli dei materiali e minimizzando i rifiuti. In questo modello, i prodotti sono progettati per durare nel tempo, essere facilmente riparabili e riciclabili, mentre i materiali di scarto vengono reintrodotti nei processi produttivi come risorse preziose. Questo approccio richiede una stretta collaborazione tra industrie, governi e cittadini, nonché una riforma delle normative per incentivare la sostenibilità.

Le città del futuro avranno un ruolo cruciale nel raggiungimento di questo equilibrio, diventando veri e propri hub di innovazione ambientale. Lo sviluppo di infrastrutture verdi, come tetti e pareti vegetali, parchi urbani e corridoi ecologici, aiuta a mitigare l'isola di calore urbana, migliora la qualità dell'aria e offre habitat per numerose specie. Inoltre, la mobilità sostenibile basata su mezzi pubblici efficienti, biciclette e veicoli elettrici contribuirà a ridurre drasticamente le emissioni inquinanti, migliorando la salute pubblica.

La gestione dell'acqua sarà un altro elemento chiave: tecnologie di riciclo e riutilizzo delle acque reflue, sistemi di raccolta delle acque piovane e infrastrutture per prevenire l'inquinamento degli acquiferi saranno fondamentali per garantire una risorsa essenziale sempre più sotto pressione a causa dei cambiamenti climatici e dell'urbanizzazione crescente.

Un futuro sostenibile richiede anche una trasformazione del sistema energetico globale, con un passaggio deciso verso fonti rinnovabili che siano diffuse, accessibili e integrate in reti intelligenti. Questo permette non solo di ridurre le emissioni di gas serra, ma anche di decentralizzare la produzione energetica, aumentando la resilienza delle comunità e promuovendo l'autosufficienza.

Al cuore di questa trasformazione c'è la necessità di una governance partecipativa e inclusiva, che coinvolga attivamente cittadini, comunità locali, organizzazioni non governative e settore privato nelle decisioni che riguardano l'ambiente e lo sviluppo. La trasparenza, l'accesso all'informazione e la condivisione delle responsabilità sono elementi indispensabili per costruire fiducia e stimolare comportamenti virtuosi a tutti i livelli della società.

Inoltre, è cruciale riconoscere l'importanza delle conoscenze tradizionali e indigene, che da millenni hanno sviluppato modi sostenibili di vivere in armonia con la natura, basati sul rispetto per gli ecosistemi e sulla cura del territorio. Integrare queste sapienze con le innovazioni scientifiche e tecnologiche può offrire soluzioni più efficaci e rispettose per affrontare le sfide ambientali attuali.

Infine, la dimensione educativa e culturale non può essere trascurata: promuovere una visione del mondo che valorizzi la biodiversità, l'interconnessione tra tutti gli esseri viventi e l'importanza del rispetto reciproco è fondamentale per coltivare un senso di responsabilità collettiva e personale verso il pianeta. Attraverso campagne di sensibilizzazione, programmi scolastici innovativi e media impegnati, è possibile costruire una coscienza ambientale diffusa, che spinga ciascuno a diventare protagonista del cambiamento.

Questo percorso richiede tempo, impegno e determinazione, ma offre l'opportunità di costruire una società più giusta, resiliente e armoniosa, capace di affrontare le sfide climatiche e ambientali con creatività e solidarietà, per garantire un futuro migliore a tutti gli abitanti della Terra.

Continuando a esplorare il futuro che potremmo scegliere per vivere in equilibrio con la natura, è importante soffermarsi sul ruolo che la tecnologia può avere come alleata preziosa in questa trasformazione. Le innovazioni digitali, dall'intelligenza artificiale all'Internet delle cose, possono permettere una gestione più efficiente e sostenibile delle risorse naturali, monitorando in tempo reale la qualità dell'aria, dell'acqua e del suolo, ottimizzando i consumi energetici e riducendo gli sprechi. Ad esempio, sensori distribuiti nelle città e nelle aree rurali possono raccogliere dati dettagliati che aiutano a prevenire l'inquinamento e a intervenire tempestivamente per limitare i danni ambientali, mentre piattaforme digitali possono favorire il riuso e la condivisione di beni, riducendo la domanda di nuove risorse.

Parallelamente, è essenziale valorizzare l'economia locale e i modelli di produzione e consumo a "chilometro zero", che favoriscono filiere corte e trasparenti, riducendo l'impatto ambientale dei trasporti e incentivando pratiche agricole e artigianali rispettose dell'ambiente. Questo tipo di economia rafforza anche il tessuto sociale, creando comunità più coese e resilienti, capaci di rispondere insieme alle sfide ambientali.

Un altro aspetto cruciale riguarda la gestione dei rifiuti e il superamento del paradigma "usa e getta". Incentivare l'adozione di materiali biodegradabili e compostabili, promuovere l'estensione della responsabilità del produttore, e diffondere la pratica del "design for environment" sono strategie che possono ridurre drasticamente la quantità di rifiuti prodotti e facilitarne il corretto trattamento. Inoltre, sviluppare sistemi di raccolta differenziata sempre più efficienti e innovativi, anche attraverso l'uso della tecnologia, è fondamentale per trasformare i rifiuti in risorse preziose.

In questo contesto, la mobilitazione della società civile gioca un ruolo insostituibile. Movimenti ambientalisti, gruppi di cittadini e giovani attivisti stanno già dimostrando quanto la partecipazione attiva possa influenzare le politiche e le pratiche quotidiane, stimolando governi e aziende a prendere decisioni più responsabili. La pressione pubblica, la diffusione di buone pratiche e la condivisione di storie di successo contribuiscono a creare un clima di cambiamento positivo, che si riflette anche nelle scelte individuali.

Inoltre, non possiamo ignorare l'importanza della giustizia ambientale, ovvero il principio che la tutela dell'ambiente deve andare di pari passo con la lotta alle disuguaglianze sociali. Le comunità più vulnerabili sono spesso quelle maggiormente colpite dall'inquinamento e dalla degradazione ambientale, e un futuro sostenibile deve necessariamente garantire a tutti accesso equo a un ambiente sano, a risorse pulite e a opportunità di sviluppo sostenibile.

È anche fondamentale considerare la dimensione globale delle sfide ambientali, che richiedono una cooperazione internazionale forte e coordinata. I cambiamenti climatici, l'inquinamento e la perdita di biodiversità non conoscono confini, e solo attraverso accordi multilaterali, investimenti condivisi e scambio di conoscenze sarà possibile affrontare efficacemente questi problemi. Le organizzazioni internazionali, i governi nazionali e le realtà locali devono lavorare insieme per promuovere politiche e pratiche che siano sostenibili e rispettose degli ecosistemi planetari.

Infine, la resilienza delle comunità umane e degli ecosistemi sarà una delle chiavi per affrontare un futuro complesso e incerto. Costruire sistemi sociali ed ecologici capaci di adattarsi ai cambiamenti, prevenire i disastri e recuperare rapidamente dalle crisi è indispensabile per mantenere un equilibrio duraturo tra uomo e natura. Questo richiede investimenti in infrastrutture verdi, protezione degli habitat naturali, promozione della biodiversità e sviluppo di capacità locali di gestione sostenibile delle risorse.

Tutto questo, ovviamente, deve accompagnarsi a un cambiamento profondo nei valori e nelle priorità collettive, in cui la qualità della vita, la salute del pianeta e la conservazione della natura diventino obiettivi centrali dell'azione umana, superando la logica del consumo illimitato e dello sfruttamento senza limiti. È un cammino complesso, ma imprescindibile per garantire un futuro in cui non solo sopravviviamo, ma prosperiamo insieme alla Terra che ci ospita.

Proseguendo nell'esplorazione del futuro che potremmo scegliere per vivere in armonia con la natura, è fondamentale approfondire il ruolo che l'educazione e la sensibilizzazione ambientale possono avere nel plasmare una società più consapevole e responsabile. Educare le nuove generazioni a riconoscere l'importanza dell'equilibrio ecologico, a comprendere il funzionamento degli ecosistemi e a sviluppare un senso di rispetto per la biodiversità significa gettare le basi per comportamenti sostenibili a lungo termine. Questa educazione deve essere trasversale, coinvolgendo scuole, famiglie, comunità e media, e deve andare oltre la mera trasmissione di informazioni, stimolando la curiosità, il pensiero critico e l'impegno attivo. Attraverso esperienze dirette nella natura, progetti di cittadinanza attiva e l'uso di tecnologie immersive come la realtà virtuale, si può facilitare una connessione emotiva con l'ambiente che rafforzi il desiderio di proteggerlo.

Un aspetto altrettanto importante riguarda la trasformazione degli spazi urbani, che sempre più devono essere ripensati non come luoghi di mera concentrazione abitativa, ma come ecosistemi integrati capaci di rigenerarsi e contribuire al benessere degli abitanti e del pianeta. Le cosiddette "città verdi" o "città sostenibili" adottano soluzioni come parchi urbani, tetti verdi, sistemi di raccolta e riutilizzo delle acque piovane, mobilità dolce, reti di trasporto pubblico efficiente ed elettrico, e infrastrutture per la gestione intelligente dei rifiuti. Questi interventi migliorano la qualità dell'aria e dell'acqua, riducono le emissioni di gas serra e creano ambienti più sani e vivibili. Inoltre, promuovono l'inclusione sociale e favoriscono una vita comunitaria più attiva e partecipata.

Nel campo delle energie rinnovabili, il futuro sostenibile passa inevitabilmente dall'abbandono progressivo dei combustibili fossili a favore di fonti pulite e rigenerative come il solare, l'eolico, l'idroelettrico e le bioenergie. Questa transizione energetica deve essere accompagnata da sistemi di accumulo efficaci, reti intelligenti di distribuzione e politiche di incentivazione che rendano accessibili queste tecnologie a livello globale, evitando disparità tra paesi ricchi e poveri. L'energia pulita è alla base di un modello di sviluppo che possa ridurre drasticamente le emissioni di gas serra, contrastare i cambiamenti climatici e migliorare la qualità della vita delle persone.

Anche la produzione e il consumo di cibo devono essere ripensati in chiave sostenibile, privilegiando pratiche agricole rigenerative, agroecologiche e biologiche che tutelino la fertilità del suolo, preservino le risorse idriche e favoriscano la biodiversità. Ridurre gli sprechi alimentari, promuovere diete più sane e basate su prodotti locali e stagionali, valorizzare la filiera corta e sostenere l'agricoltura familiare sono strategie che contribuiscono a un sistema alimentare più equo e rispettoso dell'ambiente. Questo modello può inoltre rafforzare le economie rurali, mantenere tradizioni culturali e preservare paesaggi naturali.

Sul piano normativo e politico, è indispensabile rafforzare e rendere vincolanti gli accordi internazionali in materia ambientale, aumentare la trasparenza e la responsabilità delle aziende, e incentivare politiche pubbliche che sostengano la sostenibilità in tutti i settori. La partecipazione attiva dei cittadini, attraverso meccanismi di democrazia partecipativa e consultazioni pubbliche, può contribuire a indirizzare le decisioni verso scelte più responsabili e condivise.

Inoltre, il recupero e la valorizzazione delle conoscenze tradizionali, soprattutto di popolazioni indigene e comunità locali che da secoli vivono in armonia con il loro ambiente, possono offrire preziose indicazioni su come gestire le risorse in modo equilibrato. Queste conoscenze, integrate con le tecnologie moderne, rappresentano una risorsa importante per sviluppare modelli sostenibili e adattativi.

Infine, il concetto di benessere stesso va ridefinito superando l'idea che esso derivi solo dal possesso di beni materiali e dal consumo, per abbracciare una visione più olistica che comprenda la salute fisica e mentale, la qualità delle relazioni sociali, il contatto con la natura e il senso di appartenenza a una comunità. In questa prospettiva, la cura dell'ambiente diventa parte integrante del prendersi cura di sé e degli altri, generando un circolo virtuoso che alimenta il rispetto e la protezione reciproca.

Così, il futuro che scegliamo non è solo un obiettivo distante, ma un percorso che inizia oggi, nelle nostre scelte quotidiane, nei nostri comportamenti, nella nostra capacità di immaginare e costruire un mondo in cui uomo e natura coesistano in equilibrio e armonia.

Continuando a riflettere sul futuro che possiamo scegliere per vivere in equilibrio con la natura, è fondamentale considerare l'importanza delle innovazioni tecnologiche sostenibili, che possono rappresentare strumenti potenti per ridurre l'impatto ambientale e favorire la rigenerazione degli ecosistemi. Tecnologie come la bioingegneria ambientale, che utilizza microrganismi per bonificare suoli e acque inquinate, o i materiali biodegradabili e compostabili, che possono sostituire le plastiche tradizionali, offrono prospettive concrete per ridurre l'accumulo di rifiuti e la contaminazione. La ricerca nel campo delle energie pulite continua a evolversi, con lo sviluppo di soluzioni sempre più efficienti e meno impattanti, come le celle a combustibile, i sistemi di accumulo a lunga durata e le reti intelligenti di distribuzione energetica che ottimizzano i consumi.

Parallelamente, le pratiche di economia circolare si stanno diffondendo come modello alternativo a quello lineare di produzione-consumo-smaltimento. Questo approccio mira a mantenere i materiali in uso il più a lungo possibile, valorizzandoli attraverso il riuso, la riparazione, il ricondizionamento e il riciclo, riducendo così la necessità di estrarre nuove risorse e limitando la produzione di rifiuti. Implementare efficacemente l'economia circolare richiede però una trasformazione profonda dei sistemi produttivi, logistici e distributivi, con un coinvolgimento diretto delle imprese, delle istituzioni e dei consumatori. L'adozione di politiche pubbliche che incentivino la progettazione ecocompatibile dei prodotti e la responsabilità estesa del produttore può accelerare questa transizione.

Un altro aspetto cruciale riguarda il ruolo delle comunità locali e dei cittadini attivi che, attraverso iniziative di tutela ambientale, progetti di riforestazione urbana, orti condivisi, raccolte di rifiuti e campagne di sensibilizzazione, contribuiscono a costruire una cultura della sostenibilità radicata nei territori. Questi esempi virtuosi dimostrano come l'azione collettiva, anche a livello micro, possa generare effetti positivi diffusi e ispirare cambiamenti su scala più ampia. Il rafforzamento del senso di comunità e di appartenenza è una leva fondamentale per stimolare comportamenti responsabili e solidali verso l'ambiente.

Nel campo delle politiche globali, la cooperazione internazionale e l'impegno condiviso per il rispetto degli accordi climatici e ambientali sono imprescindibili per affrontare le sfide planetarie. Questo richiede trasparenza, monitoraggio rigoroso, meccanismi di sanzione efficaci e la partecipazione di tutti i paesi, tenendo conto delle diverse responsabilità storiche e delle capacità economiche. La giustizia ambientale deve essere al centro di questo impegno, per assicurare che le popolazioni più vulnerabili e meno responsabili delle emissioni non paghino il prezzo più alto delle crisi ecologiche.

Importante anche la trasformazione del sistema educativo, che deve integrare l'educazione ambientale in tutti i livelli scolastici e promuovere competenze trasversali quali il pensiero critico, la capacità di problem solving, la collaborazione e l'innovazione, indispensabili per affrontare le complessità della crisi ambientale. Formare cittadini consapevoli, capaci di analizzare le informazioni, di prendere decisioni informate e di agire responsabilmente è essenziale per costruire un futuro sostenibile.

Allo stesso tempo, la salute del pianeta dipende anche dal rispetto e dalla tutela della biodiversità, che svolge un ruolo chiave nel mantenimento degli equilibri ecologici, nella regolazione del clima e nel sostegno delle attività umane come l'agricoltura e la pesca. Proteggere habitat naturali, creare corridoi ecologici e promuovere pratiche di gestione sostenibile delle risorse naturali sono strategie indispensabili per garantire la resilienza degli ecosistemi e la sopravvivenza delle specie, inclusa la nostra.

Infine, la costruzione di un futuro in equilibrio con la natura implica un cambio di paradigma culturale che valorizzi la semplicità, la sobrietà e l'armonia con il mondo naturale. Ciò significa riscoprire un rapporto più intimo e rispettoso con la Terra, basato sull'ascolto e sulla responsabilità, e riconoscere che il benessere umano è inseparabile dalla salute dell'ambiente. Questo cammino, lungo e complesso, richiede coraggio, innovazione e una visione condivisa che superi gli interessi immediati e individualistici per abbracciare il bene comune e la tutela delle generazioni future.

Proseguendo nel riflettere sul futuro che possiamo costruire in armonia con la natura, emerge l'importanza di sviluppare sistemi urbani resilienti e sostenibili, in cui l'architettura verde, le infrastrutture a basso impatto e la gestione integrata delle risorse idriche ed energetiche contribuiscano a ridurre drasticamente l'inquinamento e la produzione di rifiuti. Le città del futuro potrebbero diventare veri e propri ecosistemi urbani, dove spazi verdi e corridoi ecologici favoriscano la biodiversità e migliorino la qualità della vita dei cittadini, riducendo il cosiddetto "effetto isola di calore" e migliorando la gestione delle acque piovane, prevenendo allagamenti e erosioni.

Inoltre, l'adozione di mobilità sostenibile e condivisa, con veicoli elettrici, piste ciclabili, sistemi di trasporto pubblico efficiente e incentivato, rappresenta un tassello fondamentale per abbattere le emissioni nocive e migliorare la qualità dell'aria, riducendo anche il rumore e lo stress legato al traffico. Questi cambiamenti richiedono investimenti mirati, pianificazione a lungo termine e una trasformazione culturale che privilegi la condivisione e la moderazione nell'uso delle risorse.

Le filiere agroalimentari giocano un ruolo chiave nella costruzione di un mondo sostenibile: la diffusione dell'agricoltura biologica e rigenerativa, che evita pesticidi chimici e favorisce la salute del suolo, può contribuire a ridurre l'inquinamento da fertilizzanti e preservare la fertilità naturale delle terre. Inoltre, promuovere filiere corte, ridurre lo spreco alimentare e adottare diete più sostenibili, con minore consumo di carne e più prodotti vegetali, rappresentano azioni concrete che impattano positivamente sull'ambiente, sul clima e sulla salute umana.

Il ruolo della tecnologia digitale, se utilizzata in modo responsabile, può amplificare le azioni sostenibili: sensori ambientali, piattaforme per la condivisione delle risorse, intelligenza artificiale per ottimizzare la produzione energetica o la gestione dei rifiuti, sistemi di monitoraggio partecipativo sono strumenti che possono potenziare la capacità di intervento e la consapevolezza collettiva, rendendo più efficiente l'uso delle risorse e la prevenzione degli sprechi.

In questo scenario, la finanza sostenibile e gli investimenti responsabili rappresentano leve strategiche per indirizzare capitali verso progetti che rispettano criteri ambientali, sociali e di buona governance (ESG), supportando così lo sviluppo di economie meno impattanti e più inclusive. Sempre più istituzioni finanziarie stanno adottando politiche di "green finance" e criteri di valutazione che privilegiano le aziende e le iniziative virtuose, incentivando la transizione ecologica.

È essenziale anche promuovere un dialogo interculturale e intergenerazionale, che permetta di integrare saperi tradizionali e innovazioni moderne, valorizzando le conoscenze indigene e locali spesso legate a pratiche di gestione sostenibile delle risorse naturali. Questo scambio di esperienze arricchisce il patrimonio globale e apre nuove strade per affrontare le sfide ambientali.

Infine, un futuro equilibrato con la natura implica riconoscere la necessità di un cambiamento profondo nei modelli di consumo e produzione, abbracciando l'idea di sufficienza e qualità piuttosto che quantità e crescita infinita. Ciò richiede una riflessione collettiva sui valori che guidano le nostre scelte quotidiane, ponendo al centro il rispetto per la vita in tutte le sue forme e la consapevolezza che siamo parte di un sistema interconnesso, dove ogni azione ha ripercussioni su scala globale e temporale. In questo modo, la costruzione di un mondo pulito, sano e rispettoso del pianeta non sarà solo un obiettivo ideale, ma una realtà concreta e possibile, frutto dell'impegno di tutti.

Concludendo, il futuro che scegliamo di costruire in equilibrio con la natura si fonda su una trasformazione profonda e multidimensionale, che abbraccia non solo le tecnologie e le politiche ambientali, ma anche i comportamenti individuali e collettivi, la cultura e la coscienza globale. Vivere in armonia con il pianeta significa adottare un modello di sviluppo sostenibile che integri la tutela degli ecosistemi, la giustizia sociale e la prosperità economica, rompendo con i paradigmi di sfruttamento e spreco che hanno caratterizzato il passato. Questo percorso richiede collaborazione a tutti i livelli — dalle istituzioni internazionali alle comunità locali, dalle imprese ai singoli cittadini — con l'obiettivo di ridurre drasticamente l'impatto ambientale attraverso azioni concrete come la riduzione dei rifiuti, la circolarità delle risorse, l'energia pulita, la protezione della biodiversità e la gestione responsabile del territorio.

La consapevolezza del ruolo fondamentale che ogni individuo può avere nel cambiamento è la chiave per mobilitare energie positive e costruire una società più equa, resiliente e attenta alle generazioni future. Solo integrando educazione ambientale, innovazione tecnologica e una rinnovata etica del rispetto, sarà possibile creare un mondo dove la qualità dell'aria, dell'acqua, del suolo e della vita stessa siano priorità condivise e concrete. Il futuro che scegliamo è quindi un futuro di responsabilità collettiva, in cui l'uomo non è più un dominatore della natura ma un custode attento e rispettoso, capace di convivere in simbiosi con l'ambiente che lo sostiene.

In definitiva, costruire un mondo pulito, sano e rispettoso del pianeta è una sfida complessa ma non impossibile, che richiede determinazione, innovazione, cooperazione e soprattutto una visione positiva e lungimirante. È un impegno che coinvolge non solo governi e aziende, ma ogni persona, nella consapevolezza che ogni scelta quotidiana, per quanto piccola, contribuisce a tracciare la strada verso un equilibrio sostenibile e duraturo, dove la natura e l'umanità possano prosperare insieme nel tempo.

Nel corso di questo viaggio abbiamo esplorato le molteplici facce dell'inquinamento e dei rifiuti che minacciano il nostro pianeta, sia nei mari, sotto terra che nell'aria. Abbiamo visto come i rifiuti nascano da fonti diverse — industriali, domestiche, agricole — e come le loro caratteristiche, biodegradabili o meno, ne influenzino l'impatto ambientale e la gestione. Abbiamo poi analizzato il grave problema dei mari di plastica, con le isole galleggianti di rifiuti e le microplastiche invisibili che soffocano gli ecosistemi marini.

Ci siamo addentrati nel sottosuolo, scoprendo come i rifiuti interrati e le discariche illegali contaminino il suolo e le preziose falde acquifere, compromettendo la salute degli ambienti e delle comunità. Abbiamo affrontato il tema dell'inquinamento atmosferico generato da trasporti, industrie e inceneritori, i cui effetti ricadono non solo sul clima ma direttamente sulla nostra salute.

Abbiamo seguito il viaggio dei rifiuti attraverso fiumi, venti e rotte illegali, comprendendo la loro portata globale e le conseguenze spesso invisibili ma devastanti. Tra questi, i rifiuti invisibili — microplastiche, sostanze tossiche come i PFAS — si insinuano silenziosi nella catena alimentare, entrando nel nostro corpo e causando malattie. Le vite animali sono state raccontate attraverso dolorosi esempi di sofferenza, mutilazioni e morte causate dai rifiuti, mentre l'impatto sulla salute umana si manifesta in patologie gravi come tumori, problemi respiratori e infertilità.

Abbiamo considerato il tempo lunghissimo che occorre per la decomposizione di materiali come plastica, vetro, metalli ed elettronica, un richiamo all'urgenza di ridurre la produzione di rifiuti e migliorare la gestione. Abbiamo poi visto come le soluzioni siano alla nostra portata: riciclo, riuso e riduzione sono le chiavi per cambiare sistema, agendo a livello personale, comunitario e globale. Il libro ha mostrato anche esempi positivi di innovazioni tecnologiche, progetti ambientali virtuosi, attivismo giovanile e città sostenibili, segni di speranza e di un futuro possibile.

Infine, abbiamo immaginato un futuro in cui l'uomo vive in equilibrio con la natura, costruendo un mondo pulito, sano e rispettoso del pianeta, grazie a un cambiamento culturale profondo che coinvolge tutti.

Per chi desidera approfondire e agire, ecco alcune risorse utili e siti web affidabili:

- **WWF Italia** – www.wwf.it
  Organizzazione internazionale per la conservazione della natura, con progetti e campagne sull'inquinamento e la tutela dei mari e della terra.
- **Greenpeace Italia** – www.greenpeace.org/italy
  Movimento ambientalista attivo in campagne di sensibilizzazione e azioni dirette per ridurre l'inquinamento e promuovere energie rinnovabili.
- **Plastic Free** – www.plasticfreeonlus.it
  Associazione impegnata nella lotta contro l'inquinamento da plastica, organizza pulizie di spiagge e campagne di sensibilizzazione.
- **Ministero della Transizione Ecologica** – www.mite.gov.it

Sito ufficiale del governo italiano con informazioni sulle politiche ambientali, gestione dei rifiuti e normative.

- **European Environment Agency (EEA)** – www.eea.europa.eu
  Agenzia europea con dati, rapporti e analisi aggiornate su ambiente e sostenibilità.
- **Ocean Cleanup** – www.theoceancleanup.com
  Progetto innovativo per la pulizia degli oceani dalle plastiche.
- **Slow Food** – www.slowfood.com
  Movimento per la tutela della biodiversità alimentare e la promozione di filiere sostenibili.

Inoltre, numerose guide pratiche e corsi online gratuiti sono disponibili sulle piattaforme come Coursera, edX e FutureLearn, dedicati a tematiche ambientali, economia circolare e sostenibilità.

Ricordiamo che ogni piccolo gesto, dall'uso consapevole della plastica, alla raccolta differenziata, alla partecipazione attiva in iniziative locali, contribuisce a costruire il cambiamento. La conoscenza è il primo passo per agire con responsabilità: continuare a informarsi, condividere e coinvolgere la comunità è la chiave per proteggere il nostro pianeta e garantire un futuro sano e vivibile per le prossime generazioni.

Questo titolo comunica immediatamente il peso e la gravità del problema ("Il Pianeta Appesantito"), mentre il sottotitolo esplicita il percorso narrativo e il contenuto: l'analisi dell'impatto ambientale in tutte le sue forme e la speranza di un cambiamento possibile. Vuole essere un invito alla riflessione profonda e all'azione consapevole, rivolto a un pubblico ampio, attento e desideroso di capire e intervenire.

www.ingramcontent.com/pod-product-compliance
Lightning Source LLC
LaVergne TN
LVHW020819061026
849530LV00003B/34
* 9 7 9 8 3 4 9 3 6 7 9 4 6 *